职业教育"十三五"规划教材·无人机应用技术

无人机组装技术与维护

主编　张月义

编者　张月义　郭文亮　朗宏芳

　　　张翰博　安文和

西北工业大学出版社

西安

【内容简介】 "无人机组装技术与维护"是无人机专业必修的专业课程,在课程设置结构中处于"专业工程课"位置。本书内容包括固定翼无人机组装概述,固定翼无人机平台的组装,固定翼无人机动力系统的组装,农用植保无人机的应用,无人机电机维修及维护,无人机电调的维修及维护,无人机电池的维修及维护等。本书从实战角度出发,从基础开始,以应用为主线,使学习者通过学习可以独立完成无人机的组装及其应用项目。

本书可作为中高职院校无人机相关专业学生的专业课教材,也可作为无人机科研、生产和培训机构工作人员,以及广大无人机爱好者的学习或培训教材。

图书在版编目(CIP)数据

无人机组装技术与维护/张月义主编. —西安:
西北工业大学出版社,2020.4(2023.2 重印)
ISBN 978 - 7 - 5612 - 6920 - 6

Ⅰ.①无… Ⅱ.①张… Ⅲ.①无人驾驶飞机-组装-教材 ②无人驾驶飞机-维修-教材 Ⅳ.①V279

中国版本图书馆 CIP 数据核字(2020)第 054677 号

WURENJI ZUZHUANG JISHU YU WEIHU
无 人 机 组 装 技 术 与 维 护

责任编辑:王梦妮		**策划编辑**:杨 军	
责任校对:万灵芝		**装帧设计**:李 飞	

出版发行 西北工业大学出版社
通信地址 西安市友谊西路 127 号 邮编:710072
电　　话 (029)88493844　88491757
网　　址 www.nwpup.com
印 刷 者 兴平市博闻印务有限公司
开　　本 787 mm×1 092 mm　　1/16
印　　张 9.75
字　　数 256 千字
版　　次 2020 年 4 月第 1 版　2023 年 2 月第 2 次印刷
定　　价 39.80 元

如有印装问题请与出版社联系调换

前　言

围绕实现制造强国的战略目标,国务院印发的《中国制造2025》中明确了9项战略任务和重点。根据《中国制造2025》,由百余名院士、专家选择了包括航空航天装备在内的10大优势和战略产业作为突破点,力争到2025年达到国际领先地位或国际先进水平。《中国制造2025》重点领域技术路线图中指出,航空航天装备到2025年需求总价值约2万亿美元,随着空域开放的不断推进,国内通用飞机、直升机和无人机市场巨大。争取到2025年,无人机在边境巡逻、治安反恐、农林牧渔、地图测绘、管线监测与维修、应急救援和摄影娱乐等领域大量应用,向市场规模超千亿美元行业发展。

随着国内智能制造的加速推进,当下无人机应用及开发人才的培养模式、课程体系和教育方式等诸多因素引发的人才培养与企业需求严重脱节,造成当前企业和人才之间存在着非常突出的矛盾。一方面企业招不到合适的人才,另一方面大批的"人才"找不到合适的工作。为适应智能制造新时代企业对人才的需求,相关人员对国内外多家知名无人机企业、高等院校和无人机科研机构进行为期一年半的深度调研后开发出SUAV2017课程体系,并在继续保持每一年半对课程体系更新升级的前提下,根据市场需求变化和行业发展趋势,有针对性地研发出适合当下无人机应用与开发人才所需的SUAV2018课程体系。笔者的目标旨在通过SUAV2018课程体系的学习和实践,借助高校系统严谨的教学体系和科学严格的教学管理,循序渐进地帮助学生掌握无人机应用与开发专业知识和技能,促进学生快速积累项目工作经验,提升高端智能制造人才的综合素质,从而真正成为当代智能制造企业的复合型无人机应用与开发人才。

本书共分为7章,主要内容安排如下:

第1章为固定翼无人机组装概述。本章讲解固定翼无人机的一些专业知识,学生需要掌握的固定翼无人机的结构,无人机机翼产生升力的原理和影响升力的因素。通过对这些概念的讲解,使学生对基本结构操作有初步的认识。

第2章为固定翼无人机平台的组装。通过本章的学习,了解无人机的机身、机翼、尾翼、起落架组装和舵机的搭建与配置,安装后机翼的安装角、上反角及后掠角等应符合要求,以达到预期的无人机整机效果。

第 3 章为固定翼无人机动力系统的组装。主要内容包括无人机动力系统和附件系统的搭建与配置,尤其是动力系统(如发动机、电池、螺旋桨系统)的配置。

第 4 章为农用植保无人机的应用。主要内容包括农用植保无人机动力系统和喷洒系统的搭建与配置,植保无人机组装,农用植保无人机作业操控,植保作业的一些注意事项,学生需要融会贯通这些知识,以避免在植保作业中的风险。

第 5 章为无人机电机维修及维护。主要内容包括外转子无刷直流电机的工作原理,无刷直流电机转矩的理论分析,实操组装电机技能。

第 6 章为无人机电调的维修及维护。主要内容包括结构组成和维修技巧,无感无刷电调的驱动电路设计。

第 7 章为无人机电池的维修及维护。

主要内容包括锂离子电池的相关知识和无人机电池的日常维护及保养方法。

本书由张月义担任主编,并编写第 1～4 章;朗宏芳、张翰博编写第 5 章和第 6 章;郭文亮、安文和编写第 7 章。

本书图文并茂,通俗易懂,不易理解的知识点通过实例加以说明。每章都有课前预习、本章小结、课后习题,个别章还有相应的实训项目。在学习本书并及时巩固所学内容后,读者就可以自己开发一些项目。

在本书的编写过程中,参阅了相关著作、文献资料以及网络资源,谨向原作者深表谢意。

由于水平有限,书中难免有疏漏和不当之处,恳请读者批评指正。

编　者

2019 年 9 月

目　　录

第1章 固定翼无人机组装概述

1.1 课前预习

📖在书上找答案。

(1)固定翼无人机由哪几部分组成?

(2)机翼翼型指什么?

(3)机翼结构由哪几部分组成?

(4)升力是如何产生的?影响升力的因素是什么?

(5)螺旋桨的工作原理是什么?

1.2 概 述

固定翼无人机凭借其体积小、质量轻及机动性良好等优点在民用和军用领域获得了广泛的应用。无人机也由此成为航空航天领域的一个重要发展方向。面对世界各国掀起的无人机研制热潮以及使用需求的增长,我国对无人机的研究也在不断深入,这不仅是对国内无人机工业界,更是对无人机学术界提出了挑战。目前,在无人机的整个飞行过程中,空中自主飞行技术已经比较成熟,本章以固定翼无人机结构为研究对象,通过对固定翼无人机结构和无人机飞行原理相关知识的学习,了解一架固定翼无人机的总体组装知识,掌握其自组装飞机系统的要领。

本章所讲内容:

(1)固定翼无人机的结构;

(2)机翼产生升力的原理;

(3)机翼的结构;

(4)机身的结构。

1.3 无人机技术的发展

科技的发展推动着无人机技术的不断成熟和进步,航空科技不仅仅在技术层面使得无人机给人类带来了便捷,更改变了人类对世界的认知以及人类感知航空世界的方式。

人工智能技术将是无人机下一阶段发展的颠覆性技术之首。无人机的智能化要做到三个方面的要求:第一是单机智能飞行,第二是多机智能协同,第三是完成智能任务。智能飞行是基础,智能协同是实现智能任务的途径。要在飞行器平台上实现智能任务这一目标,则需要网络环境下的大数据中心和云计算处理的协同。

1.4 固定翼无人机的基本结构

固定翼无人机主要由机翼、机身、尾翼、起落装置和动力装置(螺旋桨和发动机)等五个部分组成,如图1-1所示。

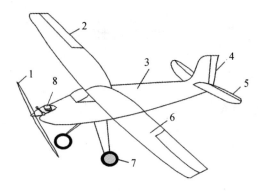

图1-1 固定翼无人机的基本结构

1—螺旋桨;2—副翼;3—机身;4—垂直尾翼;5—水平尾翼;6—机翼;7—起落架;8—发动机

1.4.1 机翼

机翼的主要功能是产生飞行所需要的升力。

机翼的基本结构有翼梁、纵墙(前墙和后墙)、桁条、翼肋和蒙皮等,如图1-2所示。

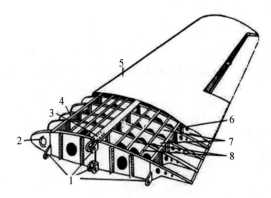

图1-2 机翼的基本结构

1—接头;2—加强肋;3—翼梁;4—前墙;5—蒙皮;6—后墙;7—翼肋;8—桁条

1.4.2 机身

机身的主要功能是装载燃料和设备,同时也作为固定翼无人机安装的基础,将机翼、尾翼、起落装置等连成一个整体。

机身的结构如图1-3所示。

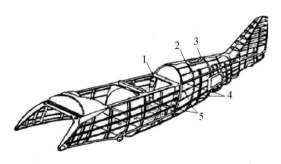

图 1-3　机身的结构

1—桁梁；2—桁条；3—蒙皮；4—加强隔框；5—普通隔框

1.4.3　尾翼

尾翼的主要功能是稳定和操纵固定翼无人机俯仰及偏转。

尾翼由水平尾翼和垂直尾翼两部分组成，水平尾翼水平安装在机身尾部，由固定的水平安定面及其后可转动的升降舵组成；垂直尾翼垂直安装在机身尾部，由固定的垂直安定面及其后可转动的方向舵组成。

1.4.4　起落装置

起落装置的主要功能是支撑无人机在地面上的活动，包括起飞和着陆滑跑、滑行、停放。无人机的起落架一般由支柱、减震器、机轮和收放机构等四部分组成，如图 1-4 所示。

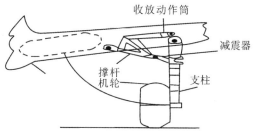

图 1-4　起落装置的组成

1.4.5　动力装置

动力装置的主要功能是产生拉力（螺旋桨式）或推力（喷气式），使无人机相对于空气产生的运动。目前无人机广泛采用的动力装置包括往复活塞发动机、旋转活塞式发动机、涡轮喷气发动机、涡轮风扇发动机、涡轮螺旋桨发动机和涡轮轴发动机在内的燃气涡轮发动机，以及在微型无人机中普遍使用的电池驱动的电机等。这些无人机动力装置可以分别应用于高空高速无人机、低空低速无人机、反辐射无人机、侦察监视无人机、垂直起降无人机、长航时无人机、攻击无人机和无人战斗机等无人飞行器。为了满足不同需求，无人机助力装置的功率和推力变化范围很大，但基本属于中小型发动机范畴。

1.5 固定翼无人机的气动特点

1.5.1 翼型

机翼横截面的轮廓叫作翼型,指沿平行于无人机对称平面的切平面切割机翼所得到的剖面。无人直升机的旋翼和螺旋桨叶片的截面也称为翼型,如图1-5所示。

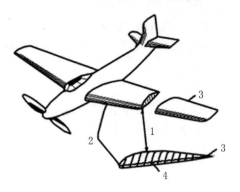

图1-5 翼型

1—翼剖面;2—前缘;3—后缘;4—翼弦

翼型各部分的名称如图1-6所示。一般翼型的前端圆钝,后端尖锐,下表面较平,呈鱼侧形。

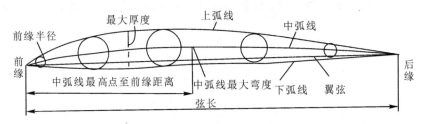

图1-6 翼型各部分名称

机翼的基本平面形状有矩形翼、椭圆翼、梯形翼、后掠翼和三角翼等,各种不同平面形状的机翼,其升力、阻力之所以有差异,与机翼平面形状的各种参数有关。机翼平面形状的几何参数主要有机翼面积、翼展、展弦比和后掠角等,如图1-7所示。

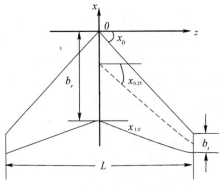

图1-7 机翼平面形状的几何参数

（1）机翼面积，指机翼在基本平面上的投影面积，用 S 表示。

（2）翼展，在机翼之外刚好与机翼轮廓线接触，且平行于机翼对称面，通常是无人机参考面的两个平面之间的距离，称为机翼的展长，用 L 表示。

（3）展弦比，是机翼翼展的平方与机翼面积之比，即 L^2/S，或者机翼翼展与机翼平均几何弦长（机翼面积 S 除以翼展 L）之比。

（4）后掠角，是描述翼面特征线与参考轴线相对位置的夹角，用 x 表示。通常 x 表示前缘后掠角，$x_{0.25}$ 表示 1/4 弦线后掠角，$x_{1.0}$ 表示后缘后掠角。后掠角表示机翼各剖面在纵向的相对位置，即表示机翼向后倾斜的程度，后掠角为负表示翼面有前掠角。

1.5.2　升力的产生及其影响因素

（1）升力的产生。翼型的上表面因流管变细，即流管截面面积减小，气流流速变大，故压力减小；而翼型的下表面因流管变化不大，故压强基本不变。翼型上、下表面产生了压强差，形成了总空气动力 R，R 的方向向后且向上，总空气动力 R 与翼弦的交点叫作压力中心。

总空气动力分成两个分力：一个与气流流动方向垂直，起支撑飞机重力的作用，称为升力 Y；另一个与气流流动方向平行，起阻碍飞机前进的作用，称为阻力 D。

（2）升力用公式可表示为

$$Y = \frac{1}{2} C_y \rho v^2 S$$

式中：Y 为升力（N）；C_y 为升力系数；ρ 为空气密度（kg/m³）；v 为相对气流速度；S 为机翼面积（m²）。

升力的产生如图 1-8 所示。

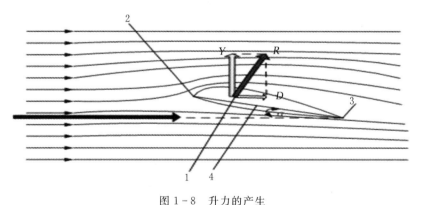

图 1-8　升力的产生
1—空气动力作用点；2—前缘；3—后缘；4—翼弦

1.5.3　阻力的类型及其影响因素

（1）摩擦阻力。摩擦阻力是由于大气的黏性而产生的。当气流以一定速度流过无人机表面时，由于空气的黏性作用，空气微团与无人机表面发生摩擦，阻滞了气流的流动，因此产生了摩擦阻力。

摩擦阻力的大小取决于空气的黏性与无人机表面的状况，附面层中气流的流动情况和无人机与气流接触的面积大小。

减小摩擦阻力,可以减小无人机同空气的接触面积,也可以把表面做光滑些,还可选择升阻比大的翼型,以及减小气流相对速度。

(2)压差阻力。压差阻力是由运动着的物体前后所形成的压强差产生的。

(3)诱导阻力。诱导阻力是伴随着升力而产生的,如果没有升力,则诱导阻力为零。因此,这个由升力诱导而产生的阻力叫作诱导阻力,又叫作升致阻力。

(4)干扰阻力。干扰阻力是无人机各部分之间因气流相互干扰而产生的一种额外阻力,干扰阻力主要产生在机身和机翼、机身和尾翼、机翼和发动机短舱、机翼和副油箱之间。

1.5.4　固定翼无人机螺旋桨

大部分的轻型、微型民用固定翼无人机都是依靠螺旋桨产生拉力或推力(实质上,拉力就是推力,只是对于固定翼无人机,习惯上称为拉力)。

(1)螺旋桨。螺旋桨是指靠桨叶在空气或水中旋转,将发动机转动功率转化为推进力的装置。

(2)螺旋桨的工作原理。空气以一定的迎角流向桨叶时,气流流过桨叶前桨面,就像流过机翼上表面一样,流管变细,流速加快,压强降低;空气流过桨叶后桨面,就像流过机翼下表面一样,流管变粗,流速减慢,压强升高。这样,在桨叶的前后桨面和前后缘均形成压强差,再加之气流作用于桨叶上的摩擦阻力,就构成了桨叶上的总空气动力 R。根据总空气动力 R 对螺旋桨运动所起的作用,可将它分解成两个分力,一个是与桨轴平行、拉着螺旋桨和无人机前进的拉力 P;另一个是与桨轴垂直、阻碍螺旋桨旋转的旋转阻力 Q,如图 1-9 所示。

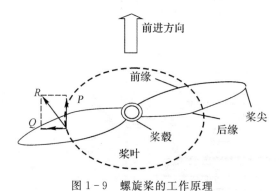

图 1-9　螺旋桨的工作原理

(3)螺旋桨的副作用。螺旋桨在工作中,一方面产生拉力,提供无人机的前进动力;另一方面还会产生一些对飞行不利的副作用,如螺旋桨的进动效应、反作用力矩和滑流扭转作用等。

1.6　组　装　步　骤

对于尺寸近似于有人飞机的固定翼无人机,一般应参考有人飞机的装配要求。

一般固定翼无人机的组装步骤如下:

(1)平台组装;

(2)动力装置组装;

(3)飞控系统组装;

(4)电气系统组装;

（5）机载设备组装。

一般固定翼无人机产品组装步骤由其生产单位确定,在不影响飞行性能的前提下,部分组装顺序可适当调整,并且不同的固定翼无人机产品,其组装时可能会被要求两个或两个以上的系统并行组装。

1.7　本章小结

通过本章的学习,学生可以了解到固定翼无人机的一些专业知识。首先,要掌握固定翼无人机的结构,因为只有掌握飞机结构才能组装出合格的飞机;其次,掌握无人机机翼产生升力的原理及其影响因素。只有经过学习基础知识,长期积累经验,才能达到我们预期的效果。

经过本章的学习,学生要对固定翼无人机有一定的认识和了解。

1.8　课后习题

（1）固定翼无人机的结构组成是什么?

（2）无人机机身的结构是什么?

（3）固定翼无人机螺旋桨的工作原理是什么?

（4）什么是压差阻力?

（5）机翼的基本平面形状有哪几种?

（6）简述固定翼无人机的组装步骤。

第2章 固定翼无人机平台的组装

2.1 课前预习

📖 在书上找答案。

(1)固定翼无人机平台主要由哪些部分组成?

(2)机翼与机身的连接结构有哪几种配置?

(3)尾翼与机身的连接方法有哪些?

(4)无人机舵机安装要求有哪些?

2.2 概　　述

固定翼无人机通过动力系统和机翼的滑行实现起降和飞行,遥控飞行和程控飞行均容易实现。固定翼无人机抗风能力也比较强,是类型最多、应用最广泛的无人驾驶飞行器。由于固定翼无人机的起降需要比较空旷的场地,比较适合应用于林业及草场监测,矿山资源监测,海洋环境监测,城乡结合部和土地利用监测,以及水利、电力等领域。固定翼无人机平台主要由十四个部分组成:机身及机翼、起落架、发动机、螺旋桨、油箱、机上飞行控制系统、通信天线(地面运用)、机载 GPS 及天线、地面控制导航和监控系统(笔记本电脑软件)、人工控制飞行遥控器、数码相机、地面供电设备、降落伞(装在无人机上应急用)、弹射式起飞轨道。

本章所讲内容:

(1)大型无人机的组装连接;

(2)中型及以下无人机的组装连接;

(3)舵机安装过程中的注意事项。

2.3 大型无人机的组装连接

固定翼无人机的平台通常包括机翼、机身、尾翼和起落架等,控制舵面通常包括副翼、升降舵和方向舵等。

无人机的组装主要是指机翼与机身的连接、尾翼与机身的连接、起落架与机身的连接。

各部分之间的对接原则、对接接头的位置和数量取决于机翼结构的受力形式和机翼的尺寸。

2.3.1　机翼与机身的连接

机翼与机身的连接结构形式与机翼相对于机身的位置、机翼受力结构是否穿过机身以及机翼的结构形式有关。

机翼与机身连接一般有下列几种情况,如图 2-1 所示。

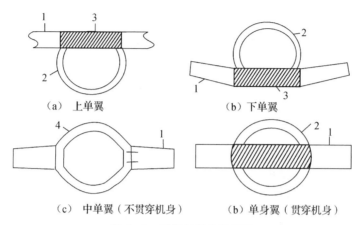

（a）上单翼　　　　　　　　　　（b）下单翼

（c）中单翼（不贯穿机身）　　　　（b）单身翼（贯穿机身）

图 2-1　机翼与机身的连接

1—机翼;2—机身加强框;3—穿过机身部分;4—锻造框

1. 机翼不贯穿机身的连接

机翼不贯穿机身的连接方式如图 2-2 所示。

（a）传递弦向阻力和水平弯矩　　　　（b）传递垂直、展向力以及垂直弯矩和扭矩

图 2-2　机翼不贯穿机身的连接

对于机翼不贯穿机身的配置情况,机翼和机身与加强框相连,一般采用集中接头对接,如图 2-3 和图 2-4 所示。

（a）传递弦向阻力和水平弯矩　　　　（b）传递垂直、展向力以及垂直弯矩和扭矩

图 2-3　接头对接

1—机身框接头;2—翼梁接头

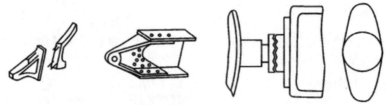

（a）螺桩式连接接头   （b）垂直耳片铰接接头   （c）齿垫式接头

图 2-4 集中连接接头形式

2. 机翼贯穿机身的连接

机翼贯穿机身主要指中央翼贯穿机身的结构形式,机翼的对称弯矩传入中央翼后在中央翼平衡,而机翼上的反对称弯矩、扭矩和剪力则通过接头传给机身,如图 2-5 所示。

"中央翼"为中央翼盒的简称,指机翼的中段,主翼就连接在此段上。

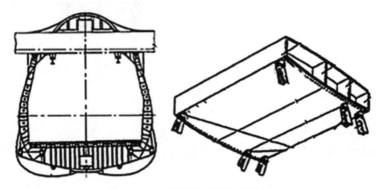

图 2-5 中央翼贯穿机身的结构

在大型无人机上,中央翼和机身连接为一个整体,并连接发动机短舱及起落架。中央翼盒是连接左、右机翼成为完整机翼的盒形结构件,位于机身内。其主要功能如下:

(1)作为左、右机翼的连接盒段,承受左、右机翼传来的升力、弯矩、扭矩等载荷;

(2)作为机翼与机身的连接盒段,与机身载荷相平衡;

(3)作为油箱使用。

中央翼与机身的连接形式有翼梁和加强框直接连接形式、翼梁和加强框过渡连接形式和嵌入式连接形式等三种,如图 2-6~图 2-8 所示。

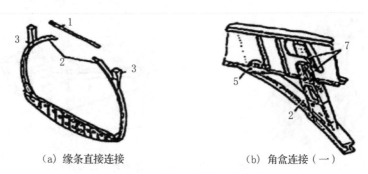

（a）缘条直接连接   （b）角盒连接（一）

图 2-6 翼梁和加强框直接连接

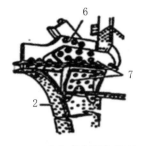
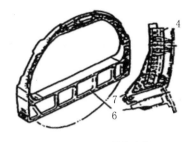

（c）角盒连接（二）　　　　　　　（d）整体连接

续图 2-6　翼梁和加强框直接连接

1—梁缘条；2—立梁内支臂；3—立梁外支臂；4—框的连接接头；5—传递阻力的接头；

6—中央翼翼梁；7—盒型接头

（a）翼梁通过中、外翼汇交处的双叉耳接头和加强框连接　　　（b）翼梁与加强框通过过渡接头连接

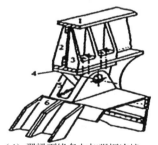

（c）翼梁与加强框通过过渡接头连接　　（d）翼梁下缘条与加强框连接

图 2-7　翼梁和加强框过渡连接

1—梁缘条；2—翼梁前支臂；3—翼梁后支臂；4—单叉耳接头；5—双叉耳接头；6—机身框加强件

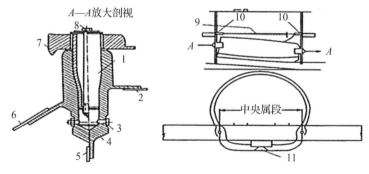

图 2-8　嵌入式连接

1—空心销；2—中央翼梁腹板；3—定位螺栓；4—前梁大锻件；5—侧肋腹板；6—中外翼梁腹板；

7—机身框大锻件；8—塞子；9—地板；10—地板固定点；11—三角梁

2.3.2 尾翼与机身的连接

尾翼垂直安定面和水平安定面的结构与机翼非常相似,也是由梁、桁条和肋构成骨架,外部由铆接蒙皮构成。

(1)某无人机垂直安定面与机身的连接:其前梁和后梁下部的接头分别与机身尾段两个加强隔框横梁上的接头用螺栓固定连接,如图 2-9 所示。

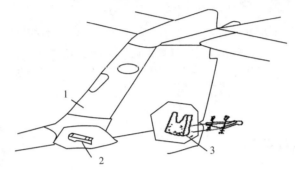

图 2-9 垂直安定面与机身的连接

1—垂直安定面;2—前梁连接接头;3—后梁连接接头

(2)某无人机的全动平尾与机身的连接:如图 2-10 所示为其主梁上的接头与固定在机身尾部隔框上的支架铰接。配重的作用是把平尾的重心前移到铰链轴线上,防止飞行中舵面在气流激励下发生颤振。

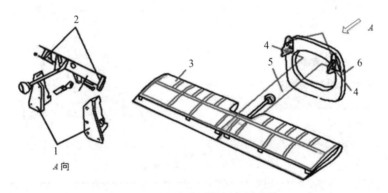

A 向

图 2-10 全动平尾与机身的连接

1—固定在隔框上的铰接支架;2—全动平尾铰接接头;3—全动平尾;4—铰接轴承;5—配重;6—隔框

2.3.3 起落架与机身的连接

起落架(同时也有相应的起落架舱)通常固定在机身加强框和(或)纵梁上,它一般由垂直腹板、水平加强板和两端的加强框组成,起落架支点的开口周围用加强构件加强。

2.4 中型及以下无人机的组装连接

中型及以下固定翼无人机,机翼与机身常用的连接形式主要有螺栓连接、卡扣连接、插销连接、橡皮筋捆绑和黏胶连接等。

2.4.1　连接方式

1. 螺栓连接

螺栓连接是无人机组装中最常用的一种连接方式,其好处在于拆装方便,利于检修,增加预紧力,防止松动,不会引起连接处材料件的应为劣质变。螺栓连接主要应用于机翼与机身的连接、尾翼与机身的连接、起落架与机身的连接,并且经常与其他连接方式配合使用,如图 2-11 所示。

机翼与机身可采用直接螺栓连接,也可采用插销和螺栓连接。

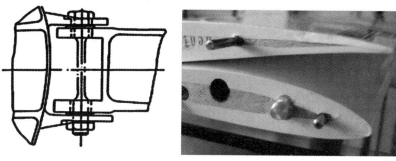

（a）直接螺栓连接　　　　　　　　（b）插销和螺栓连接

图 2-11　螺栓连接

2. 卡扣连接

卡扣连接是用于一个零件与另一零件的嵌入连接或整体闭锁的机构,通常用于塑料件的连接,其材料通常由具有一定柔韧性的塑料材料构成。卡扣连接最大的特点是安装拆卸方便,可以做到免工具拆卸。一般来说,卡扣连接需要与其他连接方式配合使用,连接较稳定。如图 2-12 所示为机翼与机身的卡扣连接。

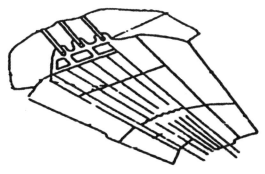

图 2-12　卡扣连接

3. 橡皮筋捆绑

橡皮筋捆绑是指采用捆绑的方式通过橡皮筋将机翼与机身连接并固定在一起,如图 2-13 所示。该方式常在轻、微型无人机上应用,组装简便、拆装容易、质量轻是它的主要特点,但是该方式在飞行中易损坏,且一旦损坏必须更换,无法修复。

4. 黏胶连接

黏胶连接是指直接用合适的黏合剂,将无人机的相关部件黏结在一起的方式。该方式比较方便,价格也相对便宜。但用该方法组装的无人机稳定性差,易损坏,并且受温度影响较大,炎热天气下黏合剂易化开,导致连接不牢固而影响使用。

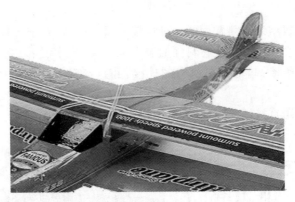

图 2-13　橡皮筋捆绑

2.4.2　组装要点

1. 机翼的组装

轻、微型固定翼无人机的机翼组装一般分为左、右两部分的连接。

(1)机翼连接方式应符合要求,黏结、螺栓连接等都应保证牢固、可靠、不松动。

(2)安装后机翼的安装角、上反角及后掠角等应符合要求,如图 2-14 和图 2-15 所示,一般安装上反角需要加强片或支撑杆等,强度应足够承担无人机飞行时的机翼载荷,安装后机翼的合缝处与机身纵轴线重合或机翼沿纵轴线对称。

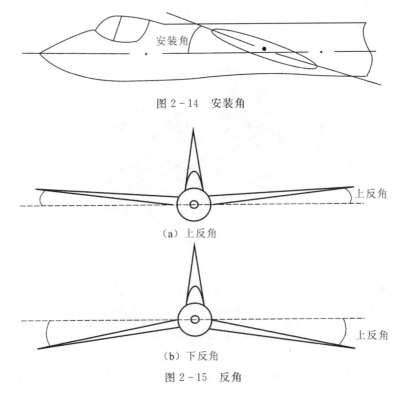

图 2-14　安装角

（a）上反角

（b）下反角

图 2-15　反角

2．尾翼的组装

尾翼安装与机翼安装类似，分为分离式和一体式两种。

安装前，应检查尾翼的安装角。先将尾翼插入机身槽口，仔细检查尾翼的安装角度是否准确。从俯视的角度检查水平尾翼是否左、右对称，从后视的角度检查尾翼是否垂直于机身和水平尾翼。

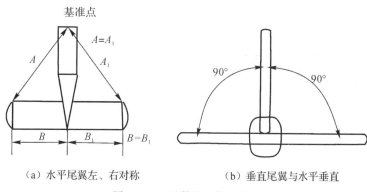

（a）水平尾翼左、右对称　　　　（b）垂直尾翼与水平垂直

图 2 - 16　尾翼的组装和检查

3．起落架的组装

组装起落架时主要按照说明书要求，安装在相应的位置，如图 2 - 17 所示。例如某无人机采用后三点式起落架安装，前两轮用压片紧固在机身上，起落架后轮应安装在机身纵轴线上垂直尾翼舵面上的中立位置。

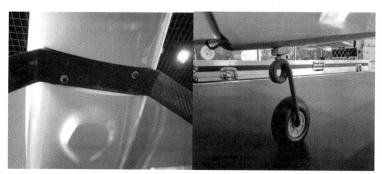

（a）前轮架用压片紧固　　　　（b）后轮安装位置

图 2 - 17　起落架的组装

4．舵机的组装

（1）舵机的组成。舵机也叫伺服电机，最早用于各类飞行器中实现其转向功能，由于可以通过程序连续控制其转角，因而被广泛应用于各类机电一体化产品中，如图 2 - 18 所示。在固定翼无人机中，无人机的飞行姿态是通过调节发动机和各个控制舵面来实现的。

一般来讲，舵机主要由舵盘、减速齿轮组、电位器、直流电机和控制电路等组成，如图 2 - 19 和图 2 - 20 所示。

（2）舵机的分类及选型。

1）舵机的分类。按照舵机的工作电压来分，舵机分为普通电压舵机（4.8～6 V）和高压舵机 HV SERVO（6～7.4 V，9.4～12 V）。高压舵机的优点就是发热少，反应更灵敏，扭力更大。

按照是否防水来分,舵机分为全防水舵机和普通舵机。按照工作信号来分,舵机分为模拟舵机和数字舵机。其中数字舵机反应变得更快(因其采用了数字信号控制板),加速和减速时也更迅速、更柔和,且能提供更高的精度和更好的固定力量。

图 2-18 舵机

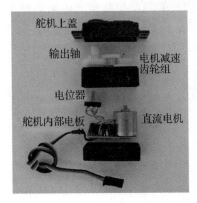

图 2-19 舵机组件

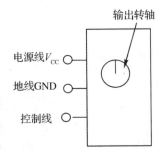

图 2-20 舵机控制电路

2)舵机的选型。某舵机的技术参数见表 2-1,应根据航机的应用场合及性能指标,综合选择尺寸、种类、扭矩、齿轮介质、工作模式等。

表 2-1 某舵机技术参数

项目	技术参数		
	环境条件(一)	环境条件(二)	环境条件(三)
电压	6.0 V	7.4 V	8.4 V
速度$^{-1}$	0.12 s/60°	0.10 s/60°	0.1 s/60°
工作扭矩	25.2 kg·cm	28 kg·cm	32.3 kg·cm
快速持续工作电流	600 mA	700 mA	800 mA
堵转电流	2 500 mA	2 800 mA	3 000 mA
最大执行角度	120°		
最大脉宽	900～2 100 μs		
电机	空心杯		
质量	59 g		

续表

项目	技术参数		
	环境条件（一）	环境条件（二）	环境条件（三）
轴承	3BB		
输出齿	25T		
连接线	JR　256 mm		
电机类型	无刷电机		
电位器类型	日本 nobie　220°		
芯片类型	数字		
齿轮组材质	铝合金		
线长	（330±5）mm		
线径	0.3 mm²		
线芯数量	60 根		
死区	1 μs		

（3）组装要求。舵机的执行部分主要由摇臂、连杆及舵角组成，舵机的指针型摇臂适合方向舵和升降舵使用，一字型和十字型摇臂适用于副翼，如图 2-21 所示。

图 2-21　舵机的摇臂部分

舵角一般是一个三角形的固定件，安装在无人机副翼、尾翼的活动面上，通过连杆与舵机摇臂连接，如图 2-22 所示，遥控控制活动面的摆动，调节无人机的飞行轨迹。可以通过调整连杆在舵机摇臂上的安装位置和舵角的角度，完成舵面偏转量的设置。

图 2-22　连杆和舵角

安装过程中的注意事项有以下几点(见图2-23):

1)同一舵面的各个铰链的中心线应该在一条直线上,并且位于舵面的中心。

2)控制摇臂的转动点与铰链的中心线在同一个平面上。

3)舵机摇臂应该与铰链中心线平行,调整摇臂使键槽与键齿相配合,尽量不要使用遥控器中立位置的调整功能来调整舵机的中心位置。

4)使用高级的带轴承的连接附件和精密加工的铝制舵机摇臂,可以更好地完成舵面参数的设置。

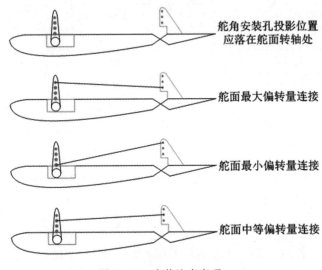

舵角安装孔投影位置应落在舵面转轴处

舵面最大偏转量连接

舵面最小偏转量连接

舵面中等偏转量连接

图2-23 安装注意事项

2.5 本章小结

经过本章的学习,我们可以了解到无人机的机身、机翼、尾翼、起落架组装和舵机组的搭建与配置,这也是组装无人机的基础知识。固定翼无人机整机配置的方法是本章的难点,在学习时要能够把机翼连接到机身上,对机翼安装的安装角、上反角、后掠角及无人机安装的一些注意事项等理解到位,在实训课程中理论和实践相结合。

2.6 课后习题

(1)固定翼无人机平台主要由哪几部分组成?

(2)简述机翼的安装角、上反角及后掠角。

(3)舵机主要由哪些部件组成?

(4)无人机遥控如何控制活动面摆动,以此调节无人机飞行轨迹?

2.7 实训项目

如图2-24所示为机翼成品。该机翼由机翼、副翼和垂直尾翼组成。

该机翼成品的制作、安装步骤如下：

（1）先取出副翼，给副翼活动拉杆打孔和开槽，如图 2-25 所示。

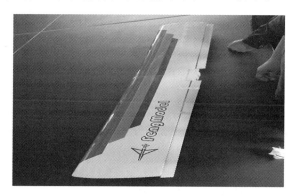

图 2-24　机翼组装成品图

 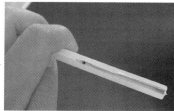

（a）打孔　　　　　　　　　　（b）开槽

图 2-25　机翼组件打孔与开槽

（2）上反角角度加强片呈 V 形，可以使机翼有个角度，如图 2-26 所示。

图 2-26　上反角角度加强片

（3）安装副翼拉杆，如图 2-27 所示。

图 2-27　安装副翼拉杆

（4）拼装之前先检查加强片插板孔是否有偏差,差距多少,并在插板孔处添加填充物,如图2-28所示。

图2-28 检查加强片插板孔是否有偏差

（5）机翼的整个面(左、右两侧)都要涂上胶进行黏结,如图2-29所示。

图2-29 涂胶

（6）上反角角度加强片整个面也要涂上胶,如图2-30所示。

图2-30 给上反角角度加强片整个面都涂胶

（7）再给机翼涂上胶水并安装零部件(两个机翼都要涂上胶),如图2-31所示。

图2-31 给机翼涂胶水

有胶水溢出属于正常情况,抹平就好,如图 2 - 32 所示。

图 2 - 32 抹平溢出胶水

(8)把涂好胶的机翼拼装在一起,用宽胶带对机翼连接处进行黏结,防止松动,然后用橡皮筋加固连接,如图 2 - 33 所示。

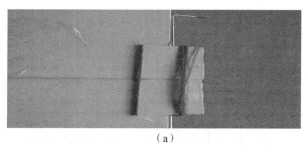

（a）

（b）

图 2 - 33 用橡皮筋加固连接

(9)因为整体机翼是有上反角的(V 形),所以固定机翼时,一面是水平放置,另一面需要有辅助垫,如图 2 - 34 所示。

图 2 - 34 辅助垫

（10）接下来就是垂直尾翼和水平尾翼的安装。在安装好的机身上画线，如图 2-35 所示。

（a）　　　　　　　　　　　　（b）

图 2-35　在机身上画线

（11）在机身上随意寻找一个中心点，测量水平尾翼的两侧前缘到这个点的距离是否一致，如图2-36所示。

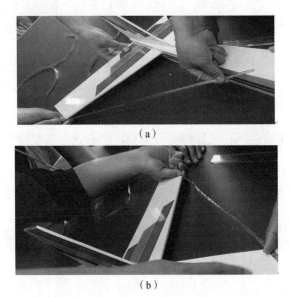

（a）

（b）

图 2-36　测量水平尾翼两侧前缘的距离

（12）对于垂直尾翼用同样的方法，对齐量好开槽位置（开槽落在机身纵轴中心线上）后画线，如图 2-37 所示。

图 2-37　对齐量好后画线

　　(13)垂直尾翼木块处理。垂直尾翼木块的各个面都要涂上胶黏结,涂胶前要测量一下这一木块(去皮部分)是否高于其他组件,如果是,就需要打磨一下,动手前需要检查一下,如图 2-38所示。

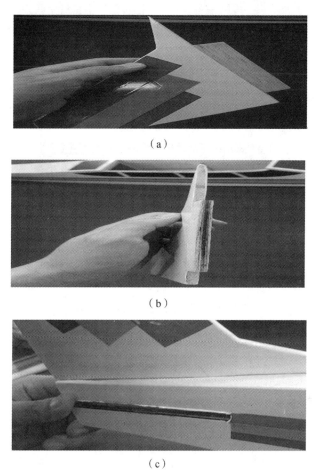

（a）

（b）

（c）

图 2-38　垂直尾翼木块处理

　　(14)垂直尾翼黏结方法。把垂直尾翼之前画线的部分裁掉,测量并确认无误后,直接安装,如图 2-39 所示(木块高度需要打磨至合适的尺寸)。

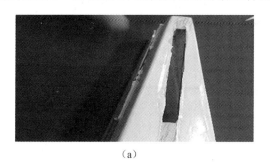

（a）

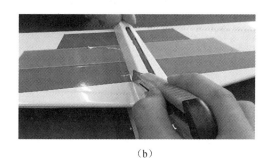

（b）

图 2-39　垂直尾翼黏结及安装方法

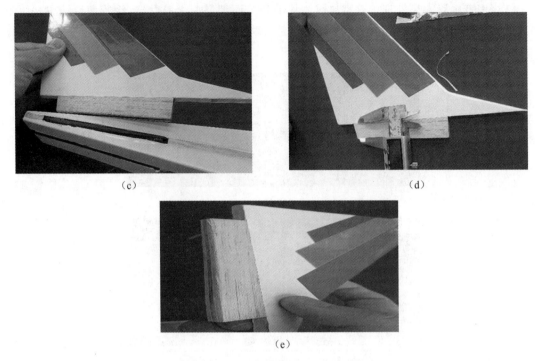

续图 2-39　垂直尾翼黏结及安装方法

（15）最后依旧是涂胶黏结，涂上胶后，在等干固的时间用皮筋来加固，如图 2-40 所示。

图 2-40　用皮筋加固

到此为止，固定翼无人机机身部分的安装就完成了。在安装过程中每一步都要检查到位，尤其是在涂胶黏结时更要仔细，否则会严重影响后续的安装环节。

第3章　固定翼无人机动力系统的组装

3.1　课 前 预 习

📖 在书上找答案。

(1)固定翼无人机的动力系统主要由哪些部件组成?

(2)固定翼无人机动力电池的选择方法有哪些?

(3)固定翼无人机电机安装拉力线的重要性是什么?

(4)不同级别的固定翼无人机油动发动机与螺旋桨是怎样配备的?

3.2　概 述

无人机是一种飞行器,无论是大型无人机,还是小型无人机,一定要有动力系统来提供动力才能飞上天空。无人机的动力系统通常有电机和内燃机两种,其中以电机为主。电动无人机的动力系统主要包含电机、电调(控制电机转速)、螺旋桨以及电池。动力系统各个部分之间的匹配性、动力系统与整机的匹配性,都直接影响着整机的效率和稳定性,所以说动力系统对于无人机来说是至关重要的。本章主要分析无人机的动力系统,介绍无人机动力系统的各组成部件。

本章所讲内容:

(1)固定翼无人机电机和桨的匹配;

(2)固定翼无人机电池的参数选择;

(3)固定翼无人机油动发动机和桨的匹配。

3.3　配 置 原 则

3.3.1　推重比选择

推重比是指无人机发动机推力/拉力与无人机飞行重力之比。推重比是衡量动力系统乃至整机性能的重要参数,很大程度上影响了飞行性能。固定翼无人机的动力系统在配置时选择的推重比必须达到或超出设计的推重比。

3.3.2 载荷要求

翼载荷是无人机单位面积升力面所承受的气动力载荷。翼载荷可衡量飞行中机翼的受载状况,它直接影响着无人机的飞行性能。翼载荷越小,无人机的飞行速度越慢,操纵性和机动性越好;翼载荷越大,无人机的飞行速度越快,机动性越差,但飞行阻力越小,抗风性和穿透性越好。

3.3.3 安装应符合配平要求

无人机的配平对飞行性能影响很大,因此在选配和安装动力系统时,都要格外注意无人机的配平。配平一般用于选择零部件初期和进行改装、动力升级等阶段。配平时应估算动力系统的总质量、规划各部件的安装位置、保证动力系统的安装,并且必须符合配平要求,保证重心处于设计位置。尤其是电动动力系统的质量占无人机总质量的比例较大。安装时,应尽可能通过移动电池的方法调整无人机的重心位置,尽可能做到"零配重"或小配重。如果发生受空间等限制无法配平或需较大重置配重的情况,则应考虑更改动力系统的配置,或修改无人机总体布局设计。

3.4 电动系统组装

3.4.1 电动系统的组成

固定翼无人机的电动系统由螺旋桨、电调、电机和电池组成。

3.4.2 电动系统的选配要求

1. 选配流程

首先根据估算的翼载荷和推重比,得出动力系统应提供的拉力大小,选出合适级别的电机和螺旋桨组合;然后依据所选电机的最大额定电流,选择所需电调,电调的标称电流应大于电路最大额定电流;最后参照电路的稳定电流,并根据整机的质量要求选择动力系统组件。

2. 选配原则

在遵循配置原则的基础上,小型及以下固定翼无人机采用电动系统时,可以参考一些经验数据,见表 3-1。

表 3-1 电机不同规格和配置

电机规格 (按定子直径分类)/mm	外形尺寸/ mm	常见型号	KV 值	螺旋桨 直径/in①	最大转速范围/(r·min⁻¹)	最大电流/A	电池规格/(mA·h)	质量范围/kg
17/18	外径 22~24 长度 20~36	2223 1806	1 000~2 500	6~10	7 000~10 000	10	2 s 800/1 300	0.3~0.8
22	直径 28 长度 20~40	2826 2208	700~2 000	9~12	600~9 000	15~20	3 s 1 300	0.8~1.5
28	直径 35~38 长度 30~45	3542 2820	500~1 500	11~14	5 000~8 000	25~45	3 s/4 s 2 200	1.5~2.5

注:①1 in≈25.40 mm。

电机规格（按定子直径分类）/mm	外形尺寸/mm	常见型号	KV 值	螺旋桨直径/in	最大转速范围/(r·min⁻¹)	最大电流/A	电池规格/mAh	质量范围/kg
35	外径 41~45 长度 40~60	4250 3520	400~1 000	13~15	400~1 000	35~70	3 s/4 s 4 400	2.0~3.0
41	外径 50~58 长度 40~60	5050 4120	300~600	14~16	300~600	50~80	4 s/6 s 大于 5 000	2.5~3.5

在初步选配后,还应主要考虑以下几方面:

(1)螺旋桨的选择。由于螺旋桨的拉力受直径和桨叶面积影响,所以在其他条件允许的情况下,可尽量选择大直径的螺旋桨。

(2)电机的选择。在电流、功率等参数相同的情况下,大直径、小长度的电机往往比小直径、大长度的电机具备更好的散热能力。

(3)电调的选择。电子调速器额定电流应与电机的工作电流一致,其标称电流应大于或等于电路的最大额定电流。

(4)电池的选择。由于电池的质量占动力系统总质量的比例最大,对翼载荷、推重比等参数影响较大,所以它的选配需要仔细权衡。8S锂电池的满电电压大约为 33.6 V(8×4.2 V),人体所能承受的安全电压为 36 V,因此,8S 锂电池在使用过程中具有一定的危险性,一般不建议使用 8S 以上的锂电池组。对于确实需要如此大功率输出的无人机,可采用多组电池布局,或采用油动动力系统。

3.4.3　电动系统的组装要求

1. 电机安装

电机安装角是一个十分重要的因素,它的设定关系到无人机的飞行稳定性,在固定翼无人机安装里尤为重要和明显,如图 3-1 所示。

拉力线是指固定翼无人机的发动机/电机(带动螺旋桨)产生拉力/推力的轴线。拉力线与无人机机身纵轴线的夹角就是电机安装角,一般指右拉角和下拉角。相对于机身纵轴线来说,电机轴线与无人机前进方向的右前方延伸角度是右拉角,向前下方延伸的角度是下拉角。

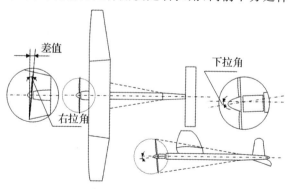

图 3-1　电机安装角

2. 电调安装

电子调速器的连接方法是:调速器的三芯插头(即信号插头)直接插入接收机的油门通道。无刷电机与调速器的三条连接线没有固定的连接顺序,一般是先按顺序或导线的颜色连接,在试车时如果发现电机的旋转方向不对,可调换任意两条连接线的位置。操作电动无人机时一定要先打开遥控,开机前要确认油门操纵杆放到了最低位置,然后接通动力电源。

3. 螺旋桨安装

螺旋桨安装一般根据所配固定翼无人机机型的不同有不同要求,如某油动固定翼无人机采用木质螺旋桨,用螺栓连接固定,注意螺旋桨有字的一面都应该朝向无人机的前进方向,如图3-2所示。

图3-2 螺旋桨的安装

3.5 油动系统组装

3.5.1 油动系统的组成

1. 螺旋桨

螺旋桨的介绍参见"1.5.4 固定翼无人机螺旋桨"。

2. 发动机

固定翼无人机常用的发动机按工作方式可分成二冲程发动机与四冲程发动机;按燃料分,可分为甲醇发动机和汽油发动机。

3. 舵机

舵机的介绍参见"2.4.2 组装要点"。舵机的主要作用是控制节气门改变空气燃料混合比,以此来调节发动机的输出功率及转速。

4. 辅助系统

要保证发动机正常工作,还需要一些必要的辅助系统。它们主要有进气系统、燃料系统、点火系统、冷却系统、启动系统、定时系统和散热系统等。

3.5.2 油动系统的选配要求

1. 选配流程

首先根据估算的翼载荷和推重比得出动力系统应提供的拉力大小,选出合适级别的发动机,然后根据发动机选择与之匹配的螺旋桨,最后根据无人机结构、燃料性质选择合适的辅助系统。

2. 选配原则

无人机发动机的选配原则主要遵循以下几方面:

(1)发动机的级别选配。根据无人机级别确定发动机的级别,对于小型及以下固定翼无人机,发动机的级别选配见表 3-2。发动机的级别是按气缸的工作容积计算的,计量单位有英制(级)和公制(mL)两种。

表 3-2　发动机的级别选配

发动机英制级别/级	发动机公制级别/mL	无人机翼展/m	飞行质量/g
10～15	1.6～2.5	0.8～1	800～1 000
15～20	2.5～3.3	1～1.25	1 000～1 200
20～25	3.3～4.0	1.25～1.3	1 200～1 400
25～30	4.0～4.9	1.3～1.35	1 400～1 800
35～40	5.7～6.5	1.35～1.4	1 800～2 200
40～45	6.5～7.4	1.4～1.5	2 200～2 500
45～50	7.4～8.2	1.5～1.6	2 500～3 000
50～60	8.2～9.8	1.6～1.8	3 000～4 000

(2)发动机的类型选择。二冲程发动机转速较高,经常用于低成本的小型无人机。四冲程发动机转速较低、油耗低、噪声也小,经常作为特技无人机和中型无人机的动力发动机。

(3)螺旋桨的选择。磨合用的螺旋桨和正常飞行用的螺旋桨不同。磨合用的螺旋桨质量应大些、直径应小些、螺距(桨距)应大些,以便于增加发动机的起动能力和鼓风能力。部分螺旋桨与发动机的匹配见表 3-3。

表 3-3　不同规格发动机配置的螺旋桨

发动机级别/级	磨合用的螺旋桨规格(直径×螺距)/in	飞行用的螺旋桨规格(直径×螺距)/in
10	7×5	7×4/7×5
15	7×5,8×5	8×4
20,21	8×5,8×6	8×5,9×4
25	9×6	9×5,10×4
30,32	10×6,10×7	10×5,10×6
35	10×6,10×7	10×5,10×6
40	10×7	10×6,10×7
45,46	10×7,11×7	10×7,11×6
50,52	11×6	11×7,12×6
60,61	11×8	12×6,12×7,12×8

3.5.3 油动系统的组装要求

1. 发动机检查

(1)检查发动机的清洁程度。发动机保持清洁非常重要,极少的脏物或沙土进入发动机内部,运转后都会引起发动机的严重磨损。检查时,应从排气口和进气口等地方着手。发动机的外部也应保持干净,外部脏物容易进入发动机内部,平时要保持清洁,去除油污、脏物或沙土。

(2)检查各个零件数量及质量。根据发动机说明书或前面介绍的内容进行检查。发现零件缺少或损坏,均不能安装使用,应配齐、调换或修理后才能使用。对于易损件,应按要求常备并定期更换。

(3)检查安装情况。检查安装位置是否正确,安装是否牢固,安装的正反方向是否符合说明书要求等。

(4)检查发动机的内部情况。关键是检查气缸和活塞的配合情况。先装上螺旋桨,慢慢地左右拨动,使曲轴跟着左右转动,根据转动过程中的情况判断气缸与活塞的配合是否合适,若不合适,应根据说明书作出适当调整,同时还应试验活塞和气缸的气密性。

2. 发动机安装

根据无人机机身设计要求,将发动机安装到机身上。注意:发动机安装一般配有发动机架,安装应用专用的螺杆和螺母,同时加上螺丝胶或橡胶垫。

3. 螺旋桨安装

将螺旋桨装在曲轴前部的两个垫片间,转动曲轴使活塞向上运动并开始压缩,同时将螺旋桨转到水平方向,用扳手拧紧桨帽,并把螺旋桨固定在这个位置上。安装完毕后,初次练习起动时,可用直径较大和较重的螺旋桨,既容易起动,又不易反转和打手。启动技术熟练后,再换用短一些的螺旋桨。地面练习启动用的螺旋桨,其桨叶可做得厚些,并要具有很好的平衡性。

4. 其他要求

油箱是保证发动机正常工作的一个重要部件,安装时要注意油箱油面高度和喷油管的相对位置。一般是使油面和喷油管在同一水平面上或使油箱油面稍低几毫米,往油箱加油时应当注意这一点。油箱要尽可能靠近发动机,并要经常检查油管是否畅通,保证油箱不被脏物堵塞。同时,要注意检查油路是否有漏气的情况。

3.6 本章小结

本章主要通过讲述无人机动力系统和附件系统的搭建与配置,尤其是动力配置的方法。发动机、电池、螺旋桨系统的搭建需要满足无人机的飞行特性来调节发动机功率的合理要求,达到预期的飞行安全和节能效果,后文还会讲述发动机安装拉力线和检查安装情况时的一些要求,学生要融会贯通这些知识,降低以后无人机在飞行中的风险。

3.7 课后习题

(1)简述无人机电机的参数选择方法。

(2)无人机动力系统由哪些部件组成?

（3）无人机发动机和螺旋桨如何匹配其载荷动力？

（4）无人机动力系统和附件的安装方法有哪些？

3.8　实 训 项 目

将无人机（教学模型）动力连接线系统展开，熟悉各附件作用，并掌握其连接方法。

材料：油动发动机 1 个，电池 1 组，降压型 BEC 1 个，遥控器 1 套，CDI 转速表 1 个，发动机安装架 1 个，螺旋桨 1 个，舵机 1 个。

第4章 农用植保无人机的应用

4.1 课前预习

📖 **在书上找答案。**

(1)农用植保无人机的发展历程是什么?

(2)农用植保无人机的喷洒系统由哪些部件组成?

(3)农用植保无人机如何匹配其载荷动力?

(4)无人机有负载与无负载的运行有何区别?

4.2 概 述

随着社会生产力的进一步提高,农用航空飞机成为了利用微型飞机和喷施设备进行农业作业的机械设备,它除了用来喷洒农药和化学除草剂、作物激素及脱叶剂等药液外,还可以用于观察农情等作业。

而多旋翼农用植保无人机作为一种有动力、可控制、能携带完成农用任务的设备,近几年备受农业科技人员的青睐。它没有驾驶舱,但安装了自驾仪、航拍摄像头、飞行姿态控制器等设备,以辅助无人机通过水平移动、垂直起降、超低空飞行等方式完成农用任务和降落,便于多次作业。

本章所讲内容:

(1)农用植保无人机的发展历程;

(2)农用植保无人机喷洒系统的组成;

(3)农用植保无人机喷洒系统的工作原理;

(4)农用植保无人机基本的植保作业知识。

4.3 农用植保无人机的发展

4.3.1 发展历程

多旋翼农用植保无人机,其发展历史可以追溯到1903年,世界上第一架飞机的发明创造为其发展奠定了基础。而此后数十年间,农用植保飞机分别在德国、美国、苏联等国的植保农业中广泛推广与使用。截至 2019 年，全世界拥有航空植保飞机 95 000 余架(含无人植保飞机，此项增长速度非常快，近几年以每年约 2 000 架的幅度递增)，其农用植保飞机类型有 80 余种，其中固定翼型飞机 50 余种、旋翼型(直升)飞机 30 余种。有数据显示，世界上用航空植保飞机作业的国家，其农用植保飞机数量(含无人植保飞机)和作业面积见表4－1。

表 4－1　用航空植保飞机作业的国家农用植保飞机数量和作业面积(2018 年统计)

国家	飞机数量/架	作业面积/kha	国家	飞机数量/架	作业面积/kha
俄罗斯	11 000	81 800	古巴	1 984	5 150
美国	16 100	42 900	秘鲁	1 178	1 100
加拿大	2 980	2 130	日本	5 228	1 622
墨西哥	1 550	2 920	危地马拉	188	3 432
阿根廷	680	5 000	萨尔瓦多	186	1 395
澳大利亚	460	6 180	德国	620	1 840
新西兰	380	3 320	韩国	1 192	1 290
哥伦比亚	420	5 230	世界上 78 个国家共有	44 436	169 143
尼加拉瓜	290	3 834			

随着各国对专用航空植保飞机的设计和制造，技术较为成熟的农用无人机也相继出现，并迅速发展起来。如美国的"农猫式"航空植保飞机等，此外，1960 年荷兰就成立了国际航空植保中心，进一步扩大了农用植保飞机的规模。截至 2018 年，世界上拥有航空植保飞机和无人植保飞机数量超过 100 架的国家就有 48 个。

1953 年，我国民航部门专门成立了专业航空植保机械业务部门，并在 1958 年成功制造出第一架运－5 型航空植保飞机。我国航空农用机械事业是在北方平原地带开展起来的，主要对小麦、棉花、水稻等作物进行航空植保。

我国自行设计的"蜜蜂 2 号""蜜蜂 3 号"和"蜻蜓 5 号"等超轻型飞机相继试飞成功并投入生产。根据近几年的实际生产状况，航空植保飞机在农、林、牧各业中得到了广泛的推广使用，不但能够及时、准确、高质量完成植保作业任务，而且在一定程度上可以大幅度提高劳动生产率，降低生产成本，减少农作物的损失。

然而，对于我国这一地缘广袤的农业大国来说，国内航空植保飞机数量还是相对较少，而且大部分是通用型飞机，技术技能、经济性、实用性以及效率等都比较落后。尤其是对于通用型飞机不能很好地推广使用的多丘陵、山区地带，微型多旋翼(直升)农用无人机更合适，并十分顺应当下农业劳动者减少的现状，提高了工作效率。

4.3.2　多旋翼农用植保无人机的发展现状与展望

我国现有的超轻型飞机，代表型号有蜜蜂 2 号、蜜蜂 3 号和蜻蜓 5 号等，这些是根据我国国情设计制造的新型航空植保飞机。其中，这些型号的飞机结构简单、制造方便、耗费少、载重大，尤其是易于驾驶，加上维护简便，作为农用植保飞机是十分合适的。

目前,我国使用较多的固定翼植保飞机是 1957 年设计投产的,在国内其性能已经相当优越,但是与国外的先进机型相比,差距相当大,在经济性、效率、飞行性上,尤其是爬升率和加速性能等方面还远远不够。这些都是今后植保飞机制造过程中需要攻克的难关。因而六旋翼无人机是在传承国内先进技术的前提下,旨在进一步改善其性能,不仅要满足多丘陵、山区地带的农业作业,而且要适应当前农业劳动力下降的现状,提高农用无人机作业的劳动效率。

目前,农用植保无人机在河南、山东、河北等地已经出现,较多的为四旋翼、六旋翼、八旋翼等微型无人机。相比于平原地带,类似江西和湖南等多丘陵、山区地带,多旋翼农用植保无人机在性能与结构上更加适用,其优秀的性能显而易见。

1. 具有良好的起飞、降落性能

多旋翼农用植保无人机的作业现场都是农场、林场以及牧场,没有专用的飞机起飞、降落场地。而多旋翼农用无人机的机型较小,起飞灵活性较好,更重要的是无人驾驶,所以其起飞、降落的场地可以是临时性、小面积的空地,也就是说,多旋翼农用植保无人机具有直升飞机的起飞、降落特性、灵活性好。

2. 噪声小、能见度较好

多旋翼农用植保无人机是通过多个螺旋桨提供机械动力进行作业的,噪声相比于以往的蜜蜂型、蜻蜓型飞机小很多。其飞行器上安装有航拍设备,便于工作人员在地面监视其工作现状。此外,多旋翼农用植保无人机通过无线电子设备给地面工作人员传输清晰的工作画面,有利于工作人员对无人机的巡航操作。

3. 操作性能好

多旋翼农用植保无人机一次性连续作业可以达到近 2 h,在具备直升机性能的条件下加上远程控制,其加速性能、爬升率较大,能够飞越电线、建筑物等障碍物;转弯灵敏,便于喷施作业并节约时间。同时,多旋翼农用植保无人机十分适合超低空作业飞行,其超低空控制性能也比较好,能够保证喷施任务的顺利完成,并不会伤害作物。

4. 一次载重较大

航空植保无人机在最大安全起飞质量条件下,力保植保无人机有更大的载重。多旋翼农用植保无人机能够完成无人驾驶,在减少载荷的前提下一次性载重能够达到 100 kg,属于中型无人机,因此可以根据实际情况一次作业多装一些农药。

5. 能源清洁、污染小

多旋翼农用植保无人机的能源来自蓄电池,而蓄电池的电能是一种清洁、无污染能源,尤其是作业时噪声小,不会影响周围人们的正常生活。

6. 航行时间可再续

由于多旋翼农用植保无人机的能量来源是蓄电池,所以设计中的蓄电池部件可以更换。在作业中,可以带上备用蓄电池,以达到巡航时间的可再续性,便于长时间作业。

7. 安全性能较好、便于检查维护

多旋翼农用植保无人机的结构比较简单,其中多个旋翼的坚固性能以及支架的合理结构,能够保证无人机升降过程的安全性能,尤其是在其灵活的超低空飞行性能下,无人机的平稳降落、升起性能较好。多旋翼农用植保无人机的大部分零件都可以在民用市场上购置,而结构也十分简单,便于拆装,便于对内部构件进行检查维修,同时损坏的物件也方便更换,一般不会影响现场作业。

8. 减轻劳动强度、经济实用,且易于推广

基于当前农业劳动者文明程度的提升,多旋翼农用植保无人机十分适合当代热衷于高科技设备的青年人,并可以减轻他们的劳动强度。同时,多旋翼农用植保无人机的造价比较低廉,适于农业用户的购置与应用。

诸如以上综合考虑,多旋翼农用植保无人机作为一种创新型农用设备,十分适合当代社会的发展现状,便于推广使用。同时随着人民群众各方面文化素质的提高,绿色环保、低能耗、高效益等理念深入人心,农用无人机的多功能技术也备受广大农田工作者和行业内外人士的关注与研究。

4.3.3　农用植保无人机的市场发展

目前,无人机涉及的领域是多方面的,而农用植保无人机的应用更是多样化的。农用植保无人机远胜于人工植保,而政策逐渐成熟催生了年均 400 亿的农用植保无人机市场。农用植保无人机指用于农林植物保护作业的无人驾驶飞机,通过飞控实现喷洒作业,可喷洒药剂、种子、粉剂等。2013 年农业部出台的《关于加快推进现代植物保护体系建设的意见》中提出鼓励有条件地区发展无人机防治病虫害。

据中国农机流通协会的调查显示,农机合作组织、种粮大户、家庭农场、农民合作社在消费主体中的比例正以 15% 的年均速度快速增长,新型农业主体的崛起,以及新形势下农资市场的一系列变革,都为我国农用飞机作业的发展提供了充足的有利条件。高效率及规避农药中毒,促进农用植保无人机替代人工作业。中国作为农业大国,拥有 18 亿亩基本农田,每年要进行大量的农业植保作业,而我国每年农药中毒人数有 10 万之众,致死率约 20%。农药残留和污染造成的病死人数至今尚无官方统计,若统计在内,死亡人数将大幅上升。因此,人工喷洒农药对作业人员的危害性很大且效率低下。相反,农用植保无人机作业高度低,飘移少,旋翼产生的向下气流有助于增加雾流对作物的穿透性,防治效果高,可远距离遥控操作,喷洒作业人员避免了接近农药的危险,喷洒作业安全可行。当前美国、日本等国家已广泛使用无人机进行植保,在我国随着农用植保无人机技术的进一步成熟,其性能将进一步提高且成本下降,预计替代人工的动力更强。

家庭农场、土地流转、服务组织的升温,给农用植保无人机的发展带来了前所未有的机遇,农用植保无人机正在成为农机行业新的亮点和热点,但在农业实际作业中还面临着很多亟待解决的问题。据参加展会同期举办的农用航空发展研讨会的专家分析预计,到 2020 年农用航空器国内需求量将达到 10 000 台,发展前景广阔,市场潜力巨大。预计未来 10～20 年,无人机植保比例将持续上升。市场规模将持续膨胀发展,如图 4-1 所示。

事实上,我国无人机产业已相对成熟,大疆、极飞、智航、亿航等多家国内生产商已掌握了无人机的核心技术。据统计,在国际市场上,每 10 台商用无人机中就有 7 台来自中国,其中大疆则是目前全球最为知名的无人机生产商。可见,我国无人机技术的成熟已为农用植保无人机的发展打下了坚实的基础。如能将无人机融入民航空域管理体系,加紧出台相关产品标准和作业标准,通过技术创新解决无人机高成本的问题,同时农机部门适时地将植保无人机的制造纳入政府补贴项目,将为农用植保无人机的推广应用提供有力的条件。无人机技术在农业方面的应用,将会创造出意想不到的社会和经济效益,同时也标志着我国农业走向高科技时代。

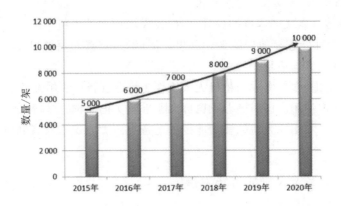

图 4-1 中国农用植保无人机市场需求量发展趋势

4.3.4 农用植保无人机的技术对比分析

1. 单旋翼农用植保无人机的特点

(1)旋翼大,飞行稳定,抗风条件好。

(2)风场稳定,雾化效果好,下旋风力大,穿透力强,农药可以打到农作物的根部。

(3)电机作为核心部件为进口的,其他构件为航空材料、碳纤材料,结实耐用,性能稳定,飞行植保作业历时 2 年多,连续植保 10 万亩/次以上,无重大故障。飞行驾驶技术简便易学,稳定智能的飞控系统,傻瓜式的操作模式,经过简单培训就可上手。

2. 多旋翼农用植保无人机的特点

多旋翼农用植保无人机的优点主要有以下几个方面:

(1)技术门槛低。

(2)造价相对便宜。

(3)能垂直起降、空中悬停。

(4)航模级别的国产电机和配件。

多旋翼农用植保无人机的缺点主要有以下几点:

(1)抗风性能差。

(2)连续作业能力差,效率低,单架次需要 2~4 块电池组。例如,药箱容量为 10 L 多旋翼无人机,单架次最少需要 2 块电池组,作业面积 1∶1(10 升∶10 亩),200 亩植保作业需要飞行 20 次,需要携带电池 40~80 块,质量为 80~160 kg(单块电池质量约 2 kg)。

(3)由于多旋翼无人机旋翼较小,旋转方向两两相反,易导致风场散乱。风场覆盖范围小,所以为加大喷洒面积,会把喷杆加长(喷杆总长超过旋翼直径)。在空气动力的作用下,作业时多旋翼无人机会左右摇摆,导致飞行不稳定,作业难度加大,增加摔机的风险。

3. 燃油动力无人机的特点

燃油动力无人机的优点有以下几点:

(1)载荷大,载荷范围为 15~120 L。

(2)航时长,单架次作业范围大。

(3)燃料易于获得,采用汽油混合物作为燃料。

燃油动力无人机的缺点有以下几点：

(1)使用不方便,维护保养成本高(同汽车发动机)。

(2)低价发动机均为两冲程航模发动机,寿命短,发动机磨损大,飞行 200 h 左右需更换发动机。

(3)农用植保作业为低空、低速飞行,低价发动机均为风冷,冷却问题无法解决,一个架次飞完,发动机温度太高,无法再次起飞,严重影响植保作业效率。

(4)实际飞行中,操控相对麻烦,飞行前的检验程序很多,摔机率非常高,达到 50% 以上。

(5)噪声大,由于燃料是采用汽油和机油混合,不完全燃烧的废油会喷洒到农作物上,造成农作物污染。

(6)售价高,大功率植保无人机一般售价在 30~200 万元。

(7)整体维护较难,因采用汽油机作为燃料,其故障率高于电动植保无人机。

4. 电动植保无人机的特点

(1)环保,无废气,不造成农田污染。

(2)易于操作和维护,一般 7 天就可操作自如。

(3)售价相对较低,普及化程度高。

(4)电机寿命可达上万小时。

(5)载荷小,载荷范围为 5~15 L。

(6)航时短,单架次作业时间一般为 10~30 min,作业面积为 10~50 亩/架次。

(7)采用锂电池作为动力电源,外场作业需要及时为电池充电。

4.4　农用植保无人机的构造及原理

4.4.1　多旋翼农用植保无人机的机体与喷施结构

1. 多旋翼农用植保无人机整体构造

多旋翼农用植保无人机主要由三个部分构成,即机体部分、控制部分和动力部分。三个部分的功能各不相同、相互作用。机体部分指的是机身骨架,它为其他部分提供固定安装和机械连接;动力部分指的是电池、电机、液泵、机翼等部分,它为控制部分提供电力,并进行作业;控制部分指的是无人机的控制系统,它为运动部分提供精密、准确的控制指令。其中,六旋翼农用植保无人机如图 4-2 所示。

图 4-2　六旋翼农用植保无人机

该六旋翼农用植保无人机的六个螺旋桨位于同一个平面上,通过六根长度相等的轴连接在机架固定板上。这样做的好处主要是保证了机架上半部分(除去药箱、活塞泵等部件)的重心位于无人机中心的前提下,能够承担更大的负载。

机体上半部分包括螺旋桨、六个轴、上下固定板、GPS、电池、PCB电路板、电子陀螺仪、六个电机、摄像设备等重要部件及零件,主要完成动力、信息传输、控制、航拍等任务。

机体下半部分包括药箱、活塞泵、药杆、喷头、底座、支撑架等重要部件,主要完成喷药任务。

2. 多旋翼农用植保无人机喷施设备的基本构造设计与工作原理

多旋翼农用植保无人机喷施结构如图4-3所示(简图),是由药箱、活塞泵、调压设备、喷射部件和电子操纵控制装置等组成。

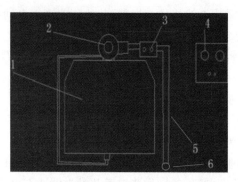

图4-3 多旋翼农用植保无人机喷施结构
1—药箱;2—活塞泵;3—调压设备;4—电源;5—喷药杆;6—喷头

(1)药箱:用来盛装药液的箱体。药箱是一个圆柱筒,上端靠边缘处设计了加液口(内置过滤网、带有小孔的盖子等),下端安装有压力传感器和泄液出端,并在上、中、下部位安装有密度传感器。当液泵工作时,箱体的药液便可以通过进液管源源不断地进入液泵中,同时,压力传感器就将箱体内药液产生的压力数据传输给接收端,便于辨知箱体内药液的剩余量。

(2)活塞泵:用来提供一定压力和流量的液体到喷洒部件中去。它用卡箍固定在药箱顶部,通过电机驱动液泵工作。工作时,通过电子操纵控制装置操纵阀门使活塞上下运动,使出液阀门打开或关闭,将从液泵出来的药液通过出液管送到喷洒部件。

(3)调压设备:即调压控制装置,是通过电子设备操控出液压力。

相关的喷量计算。用 Q 表示喷洒量,单位为 m^3,主要取决于每个喷头的排量、喷头的数量、喷幅和飞行速度。即

$$Q = \frac{10NqB}{v_a}$$

式中,Q——所需喷洒量;

N——喷头数;

q——喷头排量(m^3/s);

B——喷幅(m);

v_a——飞行速度(m/s)。

检查喷洒量时,可以把定量的药液放入药箱中,然后以合适的压力定时把它喷出,根据排出箱中的药液量能够确定喷洒量。

3. 六旋翼农用植保无人机的自平衡原理

在六旋翼农用植保无人机中,其 6 个轴位于同一圆上,重心在中间位置。除此之外,有 2 个轴上的螺旋桨为主旋翼,2 个主旋翼旋转方向相反;外侧 4 个为副旋翼,相邻 2 个旋翼旋转方向相反,2 个顺时针旋转,2 个逆时针旋转。其整机升力主要由 6 个旋翼提供,飞行器的姿态调整由 4 个副旋翼控制。六旋翼飞行器可以通过调节各电机的转速来改变牵引力的大小,实现飞行姿态与航向的控制,并具有自平衡性。当所有旋翼产生的升力等于无人机自身的重力时,飞行器保持悬停状态。

无人机的升降运动由 6 个旋翼决定。当旋翼转速共同减小,所有旋翼产生的升力小于飞行器自身的重力时,飞行器下降;当旋翼转速共同增大,所有旋翼产生的升力大于飞行器自身的重力时,飞行器升高。无人机要偏转航向,需要所有旋翼产生的反扭矩不平衡。

六旋翼无人机的偏航也由 6 个旋翼决定,3 个旋翼旋转方向相反,平衡所有旋翼产生的反扭矩。当 3 个旋翼平衡了另外 3 个反方向旋转的旋翼产生的反扭矩时,无人机无偏航。当顺时针旋转旋翼转速降低,逆时针旋转旋翼转速增大时,无人机顺时针偏航。当逆时针旋转旋翼转速降低,顺时针旋转旋翼转速增大时,无人机逆时针偏航。

多旋翼无人机的水平移动由 4 个副旋翼决定。由于所有旋翼无法产生水平方向上的牵引力,所以飞行器需要产生倾斜,由升力在水平方向上的分力推动飞行器水平移动。当一侧的 2 个副旋翼转速增大,产生的升力增大,而另一侧的 2 个副旋翼转速降低,产生的升力降低时,无人机的姿态产生倾斜,无人机朝姿态降低的一侧水平移动。当转速共同变化发生在前后两侧时,无人机产生姿态俯仰,并产生前后水平运动。当转速共同变化发生在左右两侧时,无人机发生翻滚,并产生左右水平运动。由于无人机任意一个侧面的两个副旋翼的旋转方向都是相反的,所以同侧副旋翼转速共同增大和降低,不会引起反扭矩的平衡。

综上所述,六旋翼无人机实现了空间 6 个自由度(分别沿 3 个坐标轴做平移和旋转运动)的运动。在实际使用的情况下,有用的主要运动为沿 3 个坐标轴做平移运动和绕垂直轴的旋转运动,俯仰运动和翻滚运动为水平运动的诱导运动。

4.4.2　多旋翼农用植保无人机的动力系统与工作原理

农用无人机的动力大致可分为燃油动力、电动动力和其他动力三类。其他动力主要由喷气发动机、涡轮发动机和火箭发动机等产生;燃油动力是指汽油、煤油和甲醇等燃料发动机产生的动力;电动动力则是指以电池推动电机的动力系统。

相比较而言,前两类是传统的动力系统,其发展历史近百年,而电动动力则是最近几年才发展起来的,而且是由手机厂家为增加待机时间和减轻手机质量,不断推出容量大、体积小、质量轻的锂电池为前提推广起来的。因此,基于蓄电池的基本优势和便捷的可再充电模式,锂电池成为了无人机的动力来源,并给电机等部件工作提供能量。

1. 动力系统基本组成

电动无人机的动力系统主要由四个部件组成:电池、电机、电子调速器和螺旋桨等。

现在可用作模型动力的电池种类很多,如镍氢(Ni-MH)、镍锰(NiOH-MnO$_2$)、锂金属(Li)、锂聚合物(Li-Poly)等电池,其中,镍氢电池和锂聚合物电池以其优异的性能和低廉的价格成为农用植保无人机设计的首选。

表示电池性能的指标有很多,最为重要的是电压、容量和放电能力这三个指标。

电池的电压单位为伏特(V)。标称电压只是厂家按照国家标准标示的电压,实际使用时电池的电压是不断变化的。例如锂电池的标称电压是 11.2 V,充电后电压可达 12 V,放电后的保护电压就为 11 V。在实际使用过程中,电池的电压会产生压降,这与电池所带动的负载有关,也就是说电池所带的负载越大,电流越大,电池的电压就越小,在去掉负载后电池的电压还可恢复到一定值。

电池的容量单位为毫安时(mA·h)。它是指电池以某个确定的电流值放电一小时,例如 16 000 mA·h 就是这个电池能保持 16 000 mA(16 A)放电 1 h。但是电池的放电并非是线性的,所以我们不能说这个电池在 8 000 mA 时能维持放电 2 h。不过电池在小电流时的放电时间总是大于大电流时的放电时间,所以我们可以近似地算出电池在其他电流情况下的放电时间。

一般来说,电池的体积越大,它储存的电量就越多。因此,大体积的电池应用于无人机中,其载荷也会增加,所以选合适的电池对飞行是很有好处的,其中蓄电池的总电量是可以根据容量指数,依据公式[即蓄电池容量(A·h)×电压(V)=功率(W)×使用时间(h)=总能量]求出的。

电池的放电能力是以倍数(C)来表示的,它的意思是说按照电池的标称容量最大可达到多大的放电电流。例如一个 16 000 mA·h、15 C 的电池,最大放电电流可达(16 000×15)mA=240 000 mA(240 A)。在实际使用中,电池的放电电流究竟为多少是与负载电阻有关的,根据欧姆定律我们知道,电压等于电流乘以电阻,所以电压和电阻是定值时,电池的放电电流也是一定的。例如使用 11.1 V、1 000 mA·h、15 C 的电池,电机的电阻为 1.5 Ω,那么在电池有 12 V 电的情况下,忽略电调和线路的电阻不计,电流等于(12÷1.5)A=8 A,结果是 8 A。

在实际使用中电池的电压和电流不一定与我们的需求相符,所以必须串联或并联起来使用。串联是指把几个单节电池头尾相接,也就是说以正极接负极、负极接正极的方式连接起来,其总电压等于各节电池的总和,放电电流等于单节的放电电流,容量也等于单节的容量。并联是指把几节或几组电池头对头、尾对尾地连接起来,也就是说正极接正极、负极接负极,并联后的电压等于单节电池或电池组的电压,电流等于各电池组的总和,容量还是原来的容量。总之,电池串联后只是电压增加,并联后只是电流增加,其他则不变。

综上所述,主要考虑到无人机载荷、体型大小和实际工作需要,目前较为常用的为格氏 ACE 锂电池,如图 4-4 所示。其性能指标见表 4-2。

图 4-4　格氏 ACE 锂电池

表 4 - 2　格氏 ACE 锂电池的性能指标

项　目	指标
最小容量	16 000 mA·h
放电倍数	15 C
组合方式	6S1P/22.2 V
尺寸	67 mm×76 mm×180 mm
内阻	13～17 mΩ
质量	1 860 g
充电插头	4 针标准平衡充电插头
放电插头	T 头或 JST 头
应用范围	大负载 6 轴、8 轴航拍飞行器等

需要注意的是,电池的串联和并联要求单节电池或电池组的性能一致,这是因为在电路中如果有个别电池的电压过低,其他电池就会为它充电,那总电压或总电流就会低于我们的需要,同时也会造成电池的损坏,这也是锂电池要用平衡充电的原因。

另外,不管是镍氢电池还是锂电池都是可充电的电池,充电过程对电池的寿命有相当大的影响。一般来说,电池的充电时间是和充电器的电流相关联的。所以,对于 16 000 mA·h 的电池,充电电压是它的额定电压,充电器的电流是 5 000 mA,那么充电时间就等于(16 000÷5 000)h=3.2 h。但这只是说从零电压充起的情况,属于理想状态,实际的充电时间还要看蓄电池的剩余电量。但这不能说明使用大电流充电就能节约时间,实验证明,大电流充电会对电池的性能造成一定程度的破坏。因此,根据厂家要求,基于锂电池优越的性能,所选蓄电池一次性充电时间大概为 3 h。

2. 驱动电机与电子调速器

目前,微型飞行器的动力装置主要有电机或内燃机带动螺旋桨驱动、微型涡轮发动机驱动等。虽然内燃机具有燃料效率高、输出功率大等特点,但是它的调速不方便、启动困难等缺点限制了它在微型飞行器上的应用。微型涡轮发动机从理论上说是最理想的选择,但是世界上对微型涡轮发动机的研究还不足以达到实际应用的水平。而电机虽然由于电池容量的限制,存在飞行时间短等不足,但是它具有极高的可靠性、低噪声和价格经济等优点。这些特性使电机在微型飞行器的动力装置中使用最为普遍。

作为微型无人机的关键部件之一,驱动电机自身的工作特性带上螺旋桨后,整个动力装置对微型无人机的操纵、巡航时间和飞行速度等方面都会产生严重的影响,因此要慎重选择电机。

3. 驱动电机参数的确定以及巡航时间的计算

在确定微型无人机基本性能指标后,根据设计要求选择驱动电机的基本参数,保证其能够完成低空巡航。一方面要根据无人机飞行过程中对动力装置的性能要求进行分析;另一方面,由于工作任务的需要,在保证动力的前提下,必须确保电机稳定的巡航工作时间。电机额定功率过大,则电机长期处于欠载状态,降低了效率,同时也会增加全机起飞质量。相反,额定功率选择太小,电机长期在过载状态下运行,不仅缩短了使用寿命,而且最重要的是不能使电机在经济状态下工作,过分消耗无人机上蓄电池的电能,对延长巡航时间、增加飞行距离十分不利。

4. 无人机电机的选择

全机起飞质量是电机参数计算的重要依据之一。六旋翼农用植保无人机的起飞总质量由以下公式表示:

$$m_{总}=m_1+m_2+m_3+m_4+m_5$$

式中,$m_{总}$——无人机的起飞质量;

  m_1——无人机结构质量;

  m_2——动力部分的质量,包括电机、螺旋桨等不随飞行发生变化的质量;

  m_3——蓄电池的质量,在飞行中也不会发生变化;

  m_4——农用工作部分的质量,包括药箱、喷洒药液设备、液泵设备等;

  m_5——航空电子、拍摄、传感器等设备的质量。

通过查询资料可得,无人机在爬升状态中需要的拉力(升力)越大,所需要的功率就越大,产生的总升力也越大。因此在选择电机时,电机的功率应大一些,以保证巡航时间最长。无人机飞行状态下各参数值见表4-3。

表4-3 无人机飞行状态下各参数值

飞行状态	飞行速率/(m·s⁻¹)	迎角/(°)	所需拉力/N	所需功率/W	电机功率/W
爬升	10.00	13.5	1.220	12.200	25.427
巡航	10.00	13.0	0.435	4.350	9.065
盘旋	13.35	6.5	0.310	4.141	8.627

为了与螺旋桨达到一定的配合,按照实际要求,基于传统有刷直流电机具有有刷换向设备,以机械方式进行换向,存在噪声、火花及寿命短等缺点,选择微型无刷直流电机作为农业植保无人机配置中最佳的机械动力设备。

微型无刷直流电机采用的是电子换向,其输出功率和效率较高,同时噪声小、寿命较长且无其他明显缺点。如图4-5所示为无刷直流盘式电机,其型号为MT3515-15。

图4-5 微型无刷直流电机

MT3515－15 电机基本参数如图 4－6 所示。

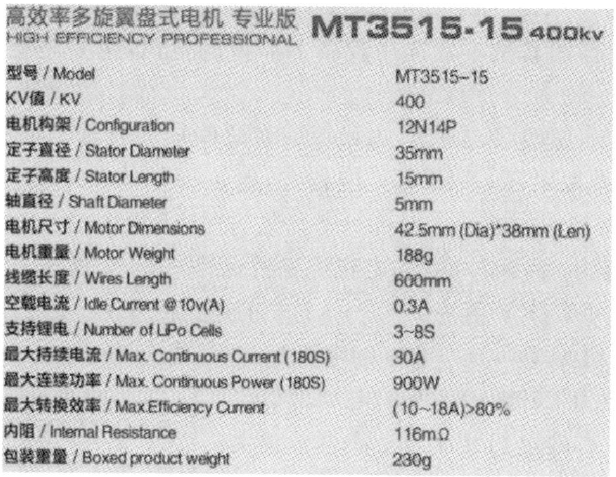

高效率多旋翼盘式电机 专业版 HIGH EFFICIENCY PROFESSIONAL MT3515-15 400kv

型号 / Model	MT3515-15
KV值 / KV	400
电机构架 / Configuration	12N14P
定子直径 / Stator Diameter	35mm
定子高度 / Stator Length	15mm
轴直径 / Shaft Diameter	5mm
电机尺寸 / Motor Dimensions	42.5mm (Dia)*38mm (Len)
电机重量 / Motor Weight	188g
线缆长度 / Wires Length	600mm
空载电流 / Idle Current @10v(A)	0.3A
支持锂电 / Number of LiPo Cells	3~8S
最大持续电流 / Max. Continuous Current (180S)	30A
最大连续功率 / Max. Continuous Power (180S)	900W
最大转换效率 / Max.Efficiency Current	(10~18A)>80%
内阻 / Internal Resistance	116mΩ
包装重量 / Boxed product weight	230g

图 4－6　电机基本参数

5. 无人机的工作时间

据资料显示，目前国内的农用植保无人机一般驾驶时间为 15～20 min，显然，农用植保无人机在执行植保作业的情况下，一次性作业时间较短，需要更换几组电池才能满足连续作业的需求，同时在实际作业中可根据具体情况更换能量更大的电池。国内农用植保无人机的续航时间见表 4－4。

表 4－4　国内农用植保无人机续航时间

企业名称	注册地	品牌	产品型号	药箱容量/L	续航时间/h	最大质量/kg
深圳市大疆创新科技有限公司	深圳市	大疆创新 DJI	大疆 MG－1	10	10	10
广州极飞电子科技有限公司	广州市	极飞	P20 2017	6/8/10	20	10
深圳酷农无人机产业开发应用有限公司	深圳市	酷农	蜘蛛侠－10	10	15	19
北京天途航空技术发展有限公司	北京市	天途	ZM8A	10	15	25
无锡汉和航空科技有限公司	无锡市	汉和	SD－15 油动	15	15	35
珠海奥宇航空科技有限公司	珠海市	阿波罗	阿波罗－20	20	20	24
深圳大鹰兄弟航空科技有限公司	深圳市	天鹰	TY－R35	30	35	35
深圳科比特航空科技有限公司	深圳市	MMC 科比特	瑞雪	10	17	20
全球鹰(深圳)无人机有限公司	深圳市	全球鹰	QQY－D010	10	20	28
深圳市九天创新科技有限公司	深圳市	九天	天佑－1	10	20	35

6. 螺旋桨

螺旋桨叶片表面积越大，产生的推力就越大，效率越高。但相对无人机较大的螺旋桨，无人机飞行起来会很耗电，因为螺旋桨产生的阻力会比较大。所以，选择螺旋桨的型号时必须根据电机 KV 值(KV 值是电机在 1V 电压下的转速,例如电机 KV2 000 的电压为 10V,那么电机的转速就是 2 000×10＝20 000r/min,这只是空载的参考值,与实际会有一些误差)和电池提供的电压及容量进行,尤其是不能选用较高 KV 值的电机,主要是避免电机连同电调一起烧掉。

为达到较高的效率,螺旋桨与电池、电机等三者之间应有合理的搭配设置。其中,电机的转速(空载)是 KV 值乘以电压,所以 KV 值越大,电机提供的扭矩就越小,由此说明电机的 KV 值大小与螺旋桨有密切的关系。电机与螺旋桨的理论配置如下:

6S 电池下:KV 值为 900～1 000 的电机配 9 寸桨即可;KV 值为 1 200～1 400 的电机配 9050(9 寸桨)或 6～8 寸桨;KV 值为 1 600～1 800 的电机配 6～7 寸桨;KV 值为 2 200～2 800 的电机配 5 寸桨;KV 值为 3 000～3 500 的电机配 4530 桨。

3S 电池下:KV 值为 1 300～1 500 的电机用 9050 桨;KV 值为 1 800 左右的电机用 7060 桨;KV 值为 2 500～3 000 的电机用 5030 桨;KV 值为 3 200～4 000 的电机用 4530 桨。

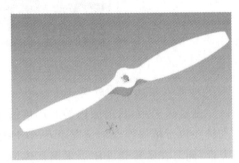

图 4-7　通用比例螺旋桨

综合上述搭配原则,考虑到喷施设备、航拍设备工作情况,农用植保无人机中所采用的螺旋桨是通用比例的桨,精度较好,基本尺寸是根据电机、螺旋桨、电池三者之间的关系设计的,便于批量生产,产品如图 4-7 所示。

螺旋桨参数见表 4-5。

表 4-5　螺旋桨参数

检测项目	典型值
翼角 A	$9.25°$
叶片数 N	2 个
直径 D	$(20×2.45)$ cm
螺距 P	0.245 m
桨宽度 C	0.044 m
材质	碳素纤维 Hexcel AS4C(3 000 丝)
密度 ρ	1780 kg/m³
质量 m	297.93 g

螺旋升力的计算公式为

$$F=DPCv_2 \times p_{气} \times 0.25$$

式中,D——直径,m;

P——螺距,m;

C——桨宽度,m;

v_2——转速,r/s;

$p_气$——1 标准大气压下的压力;

F——螺旋桨拉力,N。

7. 电调的使用

电池的供电量取决于电机和液压泵的转速。电机转速越大,耗电量也就越多;反之,耗电量就减少。无人机的负载随着喷施化学药品的变化,转速也跟着变化。具体来讲就是:无人机的负载减少时,转速会升高,转速升高容易导致飞行速度提升、耗电量增加,这些对化学药品的喷施、农田检测都十分不利。同理,无人机的负载比较大时,转速较低,也将导致一系列不利的变化。为改变这种不利因素,要求无人机根据负载变化自动调节供电量和转速,使电池与用电设备达到合理的配合,便于农田作业。

因此,六旋翼农用植保无人机要满足实际使用要求,就必须安装电调,它能根据无人机的负载等变化自动调节电机等用电设备的转速,保证无人机的正常作业。

电调全称为电子调速器(Electronic Speed Controller,ESC)。针对不同的电机,电调可分为有刷电调和无刷电调。电调根据控制信号调节电机的转速。如图 4 - 8 所示。

（为避免短路和漏电，连接处使用热缩导管绝缘）

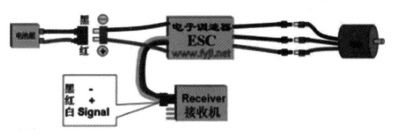

图 4 - 8　电子调速器

对于电子调速器的连接,一般情况下是这样的:

(1)电调的输入线与电池连接;

(2)电调的输出线(有刷两根、无刷三根)与电机连接;

(3)电调的信号线与接收机连接。

另外,电调一般有电源输出功能,即在信号线的正负极之间有 5 V 左右的电压输出,通过信号线为接收机供电,接收机再为舵机等控制设备供电。电调的输出为 3～4 个舵机供电是没问题的。因此,电动飞机一般都不需要单独为接收机供电,除非舵机很多或对接收机电源有很高的要求。

4.4.3　大疆 MG - 1S 农业植保无人机

大疆 MG - 1S 农业植保无人机集成了大疆公司的最新技术,全新的 A3 飞控和雷达感知系统为飞行可靠性保驾护航,水泵喷洒系统和流量传感器让植保作业更精准。配合全新 MG 智能规划作业系统和大疆农业管理平台,MG - 1S 农业植保无人机可实现作业规划、飞行实时管理和工作统计。MG - 1S 不仅是一款高性能无人机,还提供了一整套智能便捷的农业植保解决方案。其外形如图 4 - 9 所示。

图 4-9　大疆 MG-1S 农业植保无人机

1. A3 飞控

MG-1S 采用大疆最先进的 A3 飞控系统,其算法经过全面优化,匹配农业使用环境,在药液晃动时也能平稳飞行。A3 的冗余系统设计如图 4-10 所示,包括双气压计、双指南针等,可以使系统在传感器出现异常时,立即切换至另一套传感器,保障了无人机可靠稳定的飞行。

10~60亩/h

10kg载荷

效率比人工提高40~50倍

作业药箱出色的可靠性

图 4-10　大疆 MG-1S 农业植保无人机的 A3 飞控系统

2. 出色的可靠性

植保工作让作业机器长期暴露在尘土和腐蚀性液体中。大疆 MG-1S 针对作业环境设计创新了一体化内循环冷却系统。机身进气口的三重过滤系统,有效地隔绝了水雾、尘土与大颗粒物质;内循环系统使用洁净的空气保持机电系统的冷却,确保无人机长时间稳定的工作;排气口设置于电机处,洁净的气体避免了电机在高速运转中与空气杂质的磨损,使电机寿命延长 3 倍,如图 4-11 所示。八轴动力设计,单臂故障亦可正常降落,为飞行器的作业安全提供额外保障。

图 4-11　一体化内循环冷却系统

3. 精准喷洒

MG-1S配备了两台全新的定制水泵,可分别控制前、后两对喷头,并允许用户根据不同的作业需求选择前单喷、后单喷及全喷三种不同的喷洒作业模式。新增的压力传感器与流量传感器,可实时监测喷洒流量,在作业过程中动态控制药液的流量与流度。下沉式新型喷头,更完美地利用了下压风场,喷头组件实现了即开即停,使喷洒更加精准,同时使药液沉降效果更佳。其喷洒系统如图4-12所示。

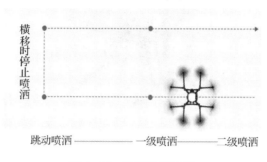

图 4-12　精准喷洒系统

4. 智能规划作业系统

MG-1S支持智能规划航线,并可对飞行轨迹进行编辑修改,航线规划灵活、作业操控便捷,如图4-13所示。喷洒参数的联动设计,使得MG-1S可轻松设置亩用药量,其高效率、强沉降的两种模式可满足多种作业环境的需求。

图 4-13　智能规划作业路径

5. 智能记忆功能

大疆MG-1S具备智能记忆功能,无药时自动记忆中断坐标点,添加药剂后可一键返回记忆中断坐标点继续进行喷洒作业,保障植保作业的连续性,如图4-14所示。更换电池时,数据保护功能保障了MG-1S飞控系统、传感系统和航线规划信息等不受断电影响,让植保作业更加便捷、高效。

图 4-14　大疆 MG-1S 的智能记忆功能

6. 便携式折叠机架设计

大疆 MG-1S 采用创新的 Y 型折叠机臂设计,无需工具即可安装或拆卸,使用时便捷简易。机臂和喷管折叠后体积小,运输方便,如图 4-15 所示。MG-1S 机身大部分采用精密成形工艺,结合高强度碳纤维材料,其机身轻盈牢固,使作业效率和可靠性得到了全面的提高。

图 4-15　大疆 MG-1S 农业植保无人机折叠机架

7. 雷达感知

MG-1S 的前侧方、后侧方与底部分别配置了一部高精度毫米波雷达。前后两部斜视雷达可预先探测地形,让飞行器提前调整高度,并结合下视雷达进行精准定高。通过雷达的不间断扫描,MG-1S 可以感知飞行方向的地形变化,并根据地形和作物高度及时调整飞行高度,实现仿地飞行,如图 4-16 所示,确保药物在飞行中的均匀喷洒。

图 4-16　大疆 MG-1S 农业植保机田间作业

8. 定制遥控器

MG-1S 配备了一体式遥控器,集成 5.5 英寸 1 080 p 高亮显示屏,其屏幕在阳光直射下仍然清晰可见。MG-1S 遥控器内置智能规划作业系统,使作业更便捷。遥控器续航时间长达 5 h,可满足长时间户外作业的需求,如图 4-17 所示。

图 4-17　大疆 MG-1S 标配作业定制遥控器

9. 大疆农业管理平台

MG - 1S 配备了大疆农业管理平台,不仅能帮用户实时了解飞行器状态,还能查看每台飞行器的作业进度,管理正在作业的飞行器,查询已规划田块、分配作业任务,大幅提升团队工作效率,如图 4 - 18 所示。通过分享智能规划文件,可以减少飞行器的重复劳动,提升飞行器作业效率,降低团队飞行器的工作强度,使植保运营者的日常管理更加便捷、高效。

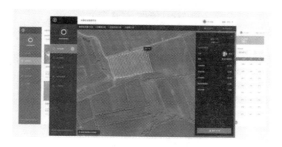

图 4 - 18　大疆农业管理平台

10. 机械结构优化

MG - 1S 主臂可拆分、脚架结构件更优化,降低了无人机的潜在维修成本。电调增加了防水胶膜,该防水胶膜为电调提供了全面保护。注药口移至飞机侧面、水泵置于水箱上方,方便加药的同时,也便于拆卸和清洁。MG - 1S 主臂如图 4 - 19 所示。

图 4 - 19　MG - 1S 主臂

11. 智能电池

MG - 1S 配备了 12 000 mA·h 的智能电池,空载悬停时间为 24 h。电池配备了高强度表面防护外壳及减震装置,输出线亦进行了增强防护,从而提升了无人机的安全稳定性。此外,智能电池强化了自均衡性,可保持电压一致性,使用寿命更长久,如图 4 - 20 所示。在海平面附近,风速小于 3 m/s 的环境下可测得其悬停时间。

图 4 - 20　MG - 1S 智能电池

12. 雾滴分析仪

便携式雾滴分析仪与智能手机相结合,配合定制的移动应用程序,对在水敏纸上沉积分布的雾滴进行拍照并实时分析,可在作业现场迅速了解无人机的作业质量。MG-1S便携式雾滴分析仪如图4-21所示。

图4-21　MG-1S便携式雾滴分析仪

13. 手持RTK

手持RTK导航系统定位精度高达厘米级,适用于需要高精确定位喷洒的作业场景,确保了农田测绘的精度与无人机飞行的可靠性。如图4-22所示,MG-1S手持RTK操作简单,单人手持即可将航点上传至MG智能规划作业系统。

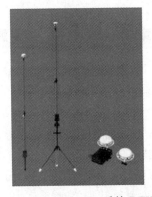

图4-22　MG-1S手持RTK

4.5　组装旋翼农用植保无人机

4.5.1　材料准备

组装旋翼农用植保无人机的物料清单如图4-23所示。

(1)机架:EFT六轴10 kg机架。

(2)动力系统:8010电机6个、好盈牌80 A电调1个、24寸折叠桨3对。

(3)喷淋系统:水泵1台、降压型电调1个、压力喷头4个、水管和转接头若干。

(4)飞控:大疆A3(装机参考)飞控系统。

(5)插头配件:AS150防打火公香蕉头红黑2对、XT90公头6个、XT60公母头1对、

4.0 mm香蕉头公母18对、5 mm热缩管1 m,10 mm热缩管1 m、8 mm蛇皮网管4 m。

　　(6)工具:内六角螺丝刀1组、150 W以上焊台1个、热风枪1把。

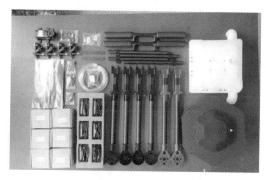

图4-23　组装旋翼农用植保无人机物料清单

4.5.2　安装机架

　　机架出厂均为模块化,出厂时已完成大部分内部装配,所以整体安装比较简单。机架出厂时附带有说明书,用户可以参照说明书进行组装。其中需要注意的是,在安装机架之前建议先将中心板底部的电源线插头焊接好,再进行下一步安装,以免整机装配好后不便焊接底部电源线。主电源插头如图4-24所示。

图4-24　主电源插头

无人机机架安装流程如图4-25所示。

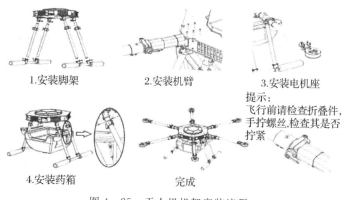

1.安装脚架　　　　2.安装机臂　　　　3.安装电机座

提示:
飞行前请检查折叠件,
手拧螺丝,检查其是否
拧紧

4.安装药箱　　　　　完成

图4-25　无人机机架安装流程

4.5.3 电机、电调预处理

整机装配前先进行电机和电调预处理,如图 4-26 所示。然后进行主电源插头焊接,焊接时要注意区分连接线的公母头,图 4-27~图 4-29 所示。

图 4-26　电机和电调预处理

图 4-27　主电源插头焊接

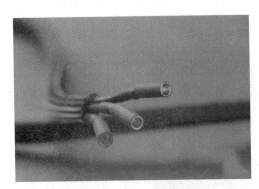

图 4-28　母头连接电调端

图 4-29　公头连接电机端

电调焊接好插头后,剪一截蛇皮网管将电调出线套封起来,并在蛇皮网管两端使用10 mm 热缩管收缩避免蛇皮网管两端分叉,如图 4-30 所示。

将 6 个电机和电调依次处理完毕,如图 4-31 所示。

图 4-30　电调出线套封

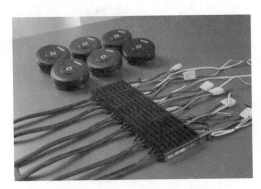

图 4-31　焊接好的电调

4.5.4　安装电机和电调

电机和电调处理完毕之后就可以将其装入机身了,机架使用的是快拆侧板,安装电调时将侧边的四颗螺丝拧下,将侧板取出,然后将电调从机身侧面放入,按图 4-32 所示的方式接好电调,将侧板镂空卡槽嵌入电调散热板重新装上即可,电调电源端的 XT90 插到中心分电板的母头端,控制出现端穿过机臂,延伸到电机座底部与电机相连接,如图 4-32~图 4-35 所示。

图 4-32　安装电调位置和方法

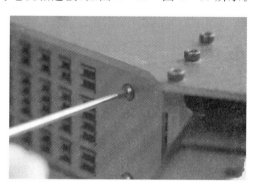

图 4-33　将电调装回机身

图 4-34　线穿过机臂

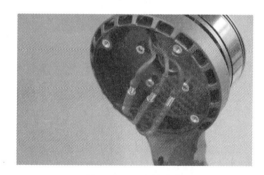

图 4-35　连接出线

参照以上顺序将六个电机和电调依次安装到位,内部走线如图 4-36 和图 4-37 所示。

图 4-36　内部走线(一)

图 4-37　内部走线(二)

4.5.5 安装喷淋系统

喷淋系统安装分为两个部分,一个是控制部分,一个是喷洒部分。控制部分用的是降压型电调,如图 4-38 所示。

图 4-38 降压型电调

将降压型电调输出端口焊接到一个 XT60 母头转接板上,降压型电调输入端焊接一个 XT60 公头,需要注意的是,降压型电调信号线中间的红线建议剪掉,如图 4-39~图 4-41 所示。

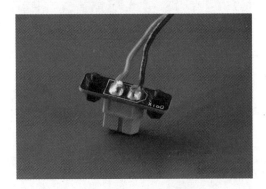

图 4-39 焊接 XT60 母头转接板

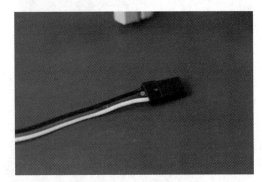

图 4-40 剪掉红线

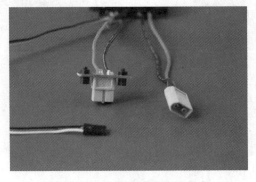

图 4-41 电调三端线处理完毕

将电调输出端的转接板通过尼龙柱固定在机身面板的侧孔处,如图 4 - 42 所示。固定好的电调控制输出口可以露出一截在面板外部,如图 4 - 43 所示,至此,控制部分安装完毕。

图 4 - 42　固定在机身面板的侧孔处

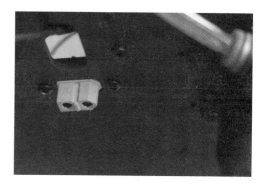

图 4 - 43　电调控制输出口

接着安装由水泵、水管、喷头组成的喷淋部分,如图 4 - 44 所示。

安装时将水管裁剪到合适的长度以方便安装。将水泵的出线端延长并焊接一个 XT60 公头,接到面板底部的水泵控制器输出接口,如图 4 - 45 所示。

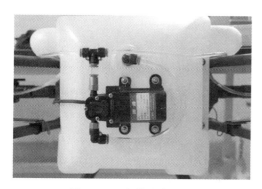

图 4 - 44　安装喷淋部分

图 4 - 45　出线端延长并焊接一个 XT60 公头

在脚架顶部设置一个一分为二的转接头将水管分为两个方向出水,如图 4 - 46 所示。

水管顺着机臂底部延伸到电机座底下,水管与机臂可以使用扎带进行固定,也可以使用更美观的水管管夹(需要单独购买)进行固定。水管的固定如图 4 - 47 所示。

图 4 - 46　水管分为两个方向出水

图 4 - 47　水管的固定

喷头部分装到电机座底部的安装板上,使用螺母拧紧,最后将底板安装在电机座底部,如图 4-48 和图 4-49 所示。

图 4-48　喷头部分装到电机座底部的安装板上

图 4-49　将底板安装到电机座底部

建议在电机转向测试之前不要将底盖螺丝拧紧,以免调试时重复拆卸。

4.5.6　安装飞控系统

飞控系统选用大疆 A3-AG 和 Datalink-3 遥控器作为安装参考,如图 4-50 所示。详细接线和使用方法参考大疆官方说明书。

图 4-50　安装飞控系统

安装完之后建议在信号线插头处涂上热熔胶防止插头松脱,如图 4-51 所示。Datalink-3 遥控器有一个很长的天线延长线,末端天线部分是平板状的,安装时可以自己动手制作一个安装板,将天线垂直固定在脚架两侧,如图 4-52 所示。

图 4-51　信号线插头处涂上热熔胶防止松脱

图 4-52　天线垂直固定在脚架两侧

4.5.7　通电调试

安装完飞控系统之后,仔细检查每个线路连接是否正确,尤其注意检查正负极是否接正确,信号线和负极是否连接正确,飞控系统各个插口是否为对应模块。检查无误之后便可通电调试。

调试分为以下几个方面。

(1)主电源左右两边各有两组插头,通电时先接右边负极再接右边正极,然后接左边负极和左边正极,如图 4 - 53 所示。

图 4 - 53　主电源左右两边各两组插头

(2)通电瞬间检查无人机是否有异样,每个模块指示灯是否正常,是否有模块发热异常,确认每个模块工作正常之后才可进入下一步。

(3)遥控器与飞控系统的设置。参考使用的飞控系统和遥控器说明书进行飞控系统基本参数的设置。

(4)校准电调。对于普通电调,飞行前务必进行行程校准,对于大疆电调和一些固定行程无法校准的电调,则可以跳过这个步骤。

(5)检查和调整电机正反转。如果飞控系统支持软件测试,就通过软件测试电机,如大疆、拓攻等飞控系统。如果不支持,就通过解锁查看,比如极飞飞控系统。检查如果发现有电机转向不正确的现象,通过任意对调两个电机插头即可反向。

(6)调试完成后可以将喷头、底盖、桨叶按顺序安装。使用水平尺或者水平气泡校正电机水平,如图 4 - 54 所示。

图 4 - 54　校正电机水平

(7)整机安装并调试完成,如图 4 - 55 和图 4 - 56 所示。

图 4 - 55　整机安装完成

图 4 - 56　整机折叠

　　另外要注意一个小细节,在药箱的盖子上打一个透气孔,防止在抽水之后由于药箱内部压力变小将药箱吸塌,如图 4 - 57 所示。

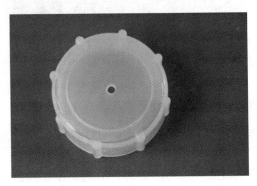
图 4 - 57　在药箱的盖子上打透气孔

4.5.8　外场试飞

无人机外场试飞应注意以下几点:

(1)新机试飞的第一件事情是校准磁罗盘。

(2)首次试飞建议空载使用姿态模式起飞。

(3)要等待在 GPS 模式下搜卫星完成后再起飞。

(4)观察无人机起飞是否平稳,有没有侧偏或者其他异常,一旦有异常情况务必立即降落检查。

(5)大桨在解锁后低转速的状态下,机臂会有抖动现象,这属于正常现象,转速提高之后就会消除。

(6)起飞之后观察飞机悬停是否稳定,轻打杆,观察飞行方向和遥控器是否一致。

(7)若出现抖动、晃动就降落调整手感灵敏度,植保机惯性大,建议不要设置过于灵敏的手感。

(8)空机调试完毕之后再加水试飞,加水测试不要一次直接加满,要按 3 L、5 L、7 L、10 L 逐级添加,观察飞机在负载增大后有无异常。

(9)加水后在地面打开水泵,观察是否可以正常出水,压力喷头雾化是否正常,如果遇到水泵在转但是不出水的情况,一般是泵头内有空气未排出,将泵头出水口的水管拔掉,打开水泵将空气排出,等正常出水之后再将水管插上即可。

(10)在无人机飞行稳定的前提下可以继续测试飞控的其他功能。

调试机及调试地面站如图4-58所示。

图4-58　调试机及调试地面站

4.6　农用植保无人机植保作业的操控

使用农用植保无人机(以下简称"无人机")进行农药喷洒作业时,为确保安全作业,信号员作为操控员的辅助人员具有很重要的作用。

信号员的作业位置通常在操控员的对面,其作业场地一般为地头田埂等地带,更多情况下是在不平坦的田埂上,障碍(杂草丛生、不易看到排水口和石头、路窄容易跑偏、地势高低不平、不易和相邻种植区联系等)较多,移动不便,常常会有危险发生。信号员需要先于操控员了解前面的情况以便更好地辅助操控,所以和操控员相比,信号员更需要注意自身安全。

4.6.1　信号员

信号员(见图4-59)就是把操控员现场看不到的情况及时、准确地传达过去,领会操控员的意图,配合操控员完成飞行任务的人。

信号员的职责是确保现场作业安全、有效地进行,积极配合操控员,努力防止事故发生。信号员是操控员的眼睛、安全的向导、喷洒作业的安全管理者。

图4-59　信号员

对信号员的基本要求有以下几方面:

(1)和操控员一道心系"安全第一"。

(2)和操控员一道遵守"飞行指导"。

(3)熟悉"无人机操作说明书",充分理解无人机的操作方法和喷洒方法。

(4)和操控员一样,佩戴头盔、口罩、防护眼镜,着长袖、长裤、长靴或运动鞋等进行作业。

(5)给操控员传达信息要简略且全面。

(6)信号员进行联络作业时应处在喷洒轨迹20 m外的上风处,以防农药飞散到身上。

(7)信号员和操控员对于喷洒现场状况及喷洒方法有歧义时,应停止飞行,待重新确认喷洒现场的情况后,更正喷洒流程重新起飞。

4.6.2 作业前的安全检查

1. 确认作业内容(分配作业任务)

为确保安全及喷洒作业的圆满完成,作业相关人员须认真分配作业任务。作业前,操控员、信号员、其他作业人员等组成工作小组紧密配合,有效商讨,明确当天的作业任务。为方便起见,可事先制定作业任务分配表。

(1)操控员的职责。

1)检查机体。

2)确认喷洒计划、农药使用方法、喷洒区域内的障碍物及其他作物和有机农作物的种植区域。

3)判断风速、风向,做好危害防止措施。

4)喷洒作业中的机体管理。

5)零事故、高质量的喷洒。

(2)信号员的职责。

1)确认喷洒计划、农药使用方法、喷洒区域的障碍物及其他作物和有机农作物的种植区域。

2)向操控员传递有关障碍物、喷洒方法等信息。

3)当行人、车辆靠近操控员时,应将情况及时传达给操控员和其他工作人员。信号员应远离无人机。

(3)其他相关作业人员的职责。

1)机体的装卸。

2)药剂调配和装载。

3)飞机起飞和着陆时的安全警戒。

4)引导行人和车辆不要接近操控员。

2. 事故应对措施

为防止意外事故发生,以及当发生意外事故时应能冷静处理,须注意以下事项。

(1)喷洒前所有人员一同参照喷洒地图,充分确认架线等危险点,认真商量喷洒路线及飞行方向等。

(2)预先商量好通话中断时的紧急联系方法。

(3)意外事故发生时的应对方法一定要谨慎、得当。

3. 农药的处理方法

关于农药的处理方法须注意以下事项。

(1)确认喷洒农药的特性、使用方法等(病虫害防治对象、适用作物、喷洒量、稀释倍数、使用时间、总使用次数等)注意事项。

(2)注意机体、喷洒装置的调整点是否全面,有无遗漏。

(3)防止农药对野外停车场、机动车维修场等造成污染。

(4)防止对移栽作物等其他喷洒对象外的作物造成影响。

(5)充分确认喷洒区域周边是否存在有机类作物以及其他作物。

(6)充分考虑家畜、桑蚕、蜂类、鱼类等可能危害到的对象。

(7)充分考虑水源地、河流、水库等地带。

4.6.3　喷洒作业时的注意事项

1. 起飞前的准备

起飞前,操控员、信号员、作业人员需进行以下准备工作。

(1)确认机体及喷洒作业装备准备齐全,并进行无人机装载(外地运送时,必须拆卸螺旋桨)。

(2)确认头盔、口罩、防护眼镜、长袖、长裤等装备配戴齐全。

(3)确认对讲机可用。

2. 起飞操作时

起飞时,作业相关的全体人员必须遵守以下事项。

(1)起飞场地选择周边没有障碍物的平坦开阔地。

(2)作业相关人员须确认周边没有无关人员和无关车辆。

(3)上推操纵杆,螺旋桨旋转稳定后,缓慢上推操纵杆,使无人机起飞,如图 4-60 所示。

图 4-60　无人机起飞

3. 喷洒作业时

为确保飞行安全及喷洒有效,操控员、信号员和相关工作人员须严格遵守以下事项。

(1)当风速超过 6 m/s 时,应终止喷洒飞行。

(2)飞行高度、飞行速度、飞行距离严格遵守喷洒标准。

(3)选择田埂地头,切勿向障碍物飞行以免发生如图 4-61 所示的碰撞。

(4)操控员和信号员对于飞行线路有无障碍物、喷洒方向是否正确等要及时联系。

(5)使用专用运输车辆装载机体,严格禁止在运动的车辆上方飞行。严禁飞越电线、树木和房屋,如图 4-62 所示。

图 4-61　无人机飞行过程中碰撞障碍物

（6）降落更换电池或燃料时，操控员、信号员及其他工作人员应警戒，禁止无关人员和车辆靠近危险区域。

（7）电池燃料补给、药剂补给，必须在关闭电源或引擎和桨叶停止旋转后进行。

（8）每1h需进行一次休息调整，如图4-63所示。

图4-62　无人机飞行区域周围的障碍物

图4-63　休息调整

4. 喷洒作业结束后

喷洒作业结束后，须遵守以下事项，如图4-64所示。

（1）作业结束后操作人员应彻底洗净手和脸。

（2）操控员应清扫机体和喷洒装置。

图4-64　无人机飞行结束后的工作

5. 清扫机体时

喷洒结束后清扫机体时,须注意以下事项。

(1)正确处理水箱及喷洒装置内残留的农药。

(2)正确处理管路内残留的农药,以免对环境造成影响。

(3)水箱、管路、喷嘴等要清洗干净。

农用植保无人机作业结束后的检查如图 4－65 所示。

图 4－65　无人机飞行结束后的检查

6. 事故发生时的基本应对措施

事故发生时,首先要确保工作人员的安全,其次要冷静应对并遵守以下事项:

(1)确保工作人员的安全,离开机体,关闭机体主开关等。

(2)确认损害情况:人身损伤(是否有人受伤);物损(是否有电线被挂断、建筑物被撞坏);有无农药外泄;有无火灾发生;等等。

(3)对损害事故迅速采取措施并联系相关负责人。①对农药外泄、防止其扩散采取措施;②联系急救、消防、警察等;③联系电力公司;④联系厂家;⑤向协会、政府部门报告等。

4.7　本章小结

本章主要讲述旋翼农用植保无人机动力系统和喷洒系统的搭建与配置,尤其是动力配置的方法。喷洒系统的搭建需要根据作物的特性来调节,并以此选择喷雾的类型,达到预期的植保效果。本章还讲述了农用植保无人机装机操作和植保作业的一些注意事项。学生需要融会贯通这些知识,降低以后在植保作业中的风险。

4.8　课后习题

(1)农业多旋翼植保无人机的特点有哪些?

(2)简述农业植保无人机(多轴机类)的结构。

(3)多旋翼农用无人机喷洒系统由哪几部分组成?

(4)简述多旋翼无人机的组装过程和方法。

4.9 实 训 项 目

将 8 轴无人机改装为农用植保无人机。

材料:压力喷头 4 个,水泵 1 个,降压型调速器 1 个,气动接头若干,水管若干,碳纤维管 1 根、药箱 1 个。

组装连接方式如图 4-66 所示。

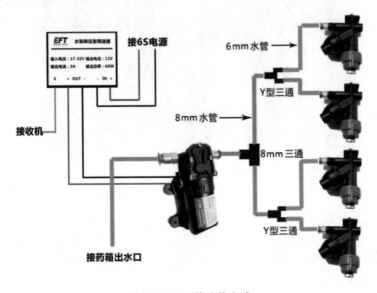

图 4-66 组装连接方式

第5章　无人机电机维修及维护

5.1　课 前 预 习

📖在书上找答案。

(1)什么是电机的定子和转子?

(2)无人机电机如何实现定向转动?

(3)无人机电机如何换相和调速?

(4)如何实现电机KV值的改变?

(5)无人机电机的常见故障有哪些?如何检测维修?

5.2　概　　　述

无人机能够在空中飞行,全靠螺旋桨或者涡扇来牵引带动,驱动它们旋转的动力都来自电机。发动机是汽车的心脏,那么电机就是飞机的心脏,既然同为动力源,那么是不是电机有电就能驱动螺旋桨呢? 当电机出现问题时我们应该如何判断与维修呢? 这就是我们接下来需要学习的知识。

本章所讲内容:

(1)无人机电机的结构;

(2)无刷电机的工作原理;

(3)无刷直流电机转矩的理论分析;

(4)无刷直流电机换相与调速原理;

(5)无人机无刷电机常见故障与维修。

5.3　电 机 简 介

众所周知,旋翼飞机能够飞起来,离不开螺旋桨的推动,螺旋桨要想产生推力必须依靠发动机带动,但是在无人机中发动机分为两种,那就是电机(见图5-1)和机械发动机。电机的主要优势就是扭矩大,反应速度快,随着近两年电子调速器的不断创新和发展,可控性也很高。

电机是将电能转化为机械能的一种转换器,主要由外转子(前盖、中盖、磁铁)、定子(硅钢片、漆包线)、后盖、转轴和轴承(有些是励磁)组成,如图5-2所示。

图 5-1 电机

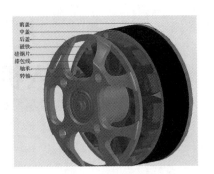

图 5-2 电机结构

定子就是固定不转动的部分,转动的部分叫作转子。铁芯就是缠绕线圈的部分。磁钢就是磁铁、磁块。转子部分可以是缠绕线圈的铁芯,例如有刷电机;也可以是磁钢部分,例如无刷电机。但是也不一定无刷电机转动的转子就是磁钢,例如现在的励磁发电机,转子和定子都是缠绕有铜线的铁芯。磁铁同极相互排斥,电机的工作原理与这个类似,就是利用电产生相同的电极,相同的电极相互排斥,就产生了电机旋转。

先从最简单的说起,大大小小、各种形状、各种名称的电机大家都见过。最常见的就是小孩的玩具车或者风扇上常用的那种电机。按照碳刷分类,电机分为有刷电机和无刷电机;按照电源类型分类,电机分为直流电机和交流电机;按照频率分类,电机分为同步电机和异步电机;按照供电类型分类,电机可以分为单项电机和三项电机(多项电机);按应用电机可以划分为伺服电机、步进电机等。总之说了这么多,这些电机之间有着什么样的共同之处以及什么样的不同呢?下面来为你解答。

5.4 无人机电机简介

无人机最早是通过航模发展过来的,航模最早采用的是有刷电机,有刷电机内置机械换向器,转子是中间的铁芯,在铁芯后端有 3 个以上的铜片,这个铜片就是通过外部紧紧夹在上边的碳刷为线圈供电的。随着电机的转动,夹在两边的碳刷是固定不动的,也就在电机转动的过程中起到了换向的作用,这也叫作换向器。如图 5-3 所示,换向器随着电机的转动不断变换着方向,而转子外边由两块磁钢紧紧贴在电机外壳上,它们中间的间隙不足 1 mm,一般都在0.2 mm 左右。

图 5-3 碳刷

有刷电机上的刷子并不是一般的刷子,它类似刷子,我们管这把刷子叫作碳刷,其实就是两个电极。这个碳刷的材质就是1号或者5号干电池中间的黑棒,这种材质导电性好,最重要的是耐高温、耐磨,它的工作原理就是将弹簧片固定在底座上,一般都是不导电的塑料材质,碳刷部分则为了给转动的转子供电,一直在转子后边的铜板上压着,紧紧贴在转子的铜板表面。

这种有刷电机不仅体积大,笨重,而且功率小,扭矩小,最重要的是寿命短,随着长时间的工作或电机电压过高、负载过大,碳刷会在很短时间内磨损严重,这就是有刷电机最大的弱点。另外,螺旋桨稍大点就会烧坏电机,后来为了加大有刷电机的功率,就在有刷电机中加入了有刷电调,电调输出具有一定的开关频率,频率越高,能量密度越大,致使这种电机功率也加大了一些,但是还是由于其体型笨重逐渐被新兴的无刷电机所淘汰。

新生的无刷电机与有刷电机有着很多相似之处,例如都有转子和定子,都有磁钢和铁芯,但是无刷电机与工业用的三相电机更相似,与有刷电机的差别就是无刷电机不像有刷电机一样有内置换向器,不能够独立工作。必须有换向器的配合,无刷电调才可以工作,而且无刷电机使用的是三相交流电。

无刷电机目前分为两种,一种是内转子电机,这种电机磁极数较少,转速一般很高,多应用于车模、船模;另外一种就是外转子电机了,这种电机散热性好,磁极数多,扭矩比内转子大,转速低,大部分应用于航模、无人机。整体来说无刷电机构造简单,大部分转动的部分都是磁钢,铁芯缠绕线圈的部分是不转动的,工作原理与有刷电机类似,通过外部换向器产生一个变换的磁场,推动转子上的磁铁转动。那么无刷电机到底有什么样的优势呢?

首先,无刷电机由于没有了碳刷的存在,寿命大大提升,且无刷电机转速比有刷电机转速要高出很多。在无刷电机刚刚流向市场的时候,由于做工问题以及螺旋桨是低速桨,经常发生电机在高速运转中爆壳与爆桨的现象。爆壳就是因电机转速过高,离心力过大导致电机外壳爆裂,磁块迅速飞出。爆桨就是在达到一定的转速后,由于离心力或其他力导致螺旋桨从电机飞出甩向四周。虽然转速高了,但是爆壳和爆桨这些情况是很危险的。其次,无刷电机因为是外部电子换向器,换向频率为8 kHz,频率非常高,这使得电机功率加大了很多,无刷电机质量也轻了很多,调节电机转向只需要将电机引出线中的任意两根线颠倒一下顺序即可完成电机换转向工作。

科技是把双刃剑,有利也有弊。在无刷电机流向市场的同时,新的问题也随之而来了。无刷电机成本很高,不能独立工作,必须有换向器,也就是需要电调的配合,电调使用的是PWM信号,所以还必须有一个PWM信号发生器的配合。

目前无刷电机的型号有2212、2820、5010、KV390、KV2600等。无刷电机有定子,也就是铁芯,如图5-4所示。以2212型无刷电机为例,2212中的前两位数字代表的是定子,也就是铁芯的直径,单位为mm,后两位数字代表铁芯的厚度,也就是高。如2212电机表示铁芯直径为22 mm,厚(高)度为12 mm;5010电机铁芯直径为50 mm,厚(高)度为10 mm。但是也有一些厂家不按照此方法标注电机型号,而是按照电机外壳尺寸标注。一般厚度小于直径的电机叫作盘式电机,因为其厚度小,直径大,像是一个盘子,这种电机最大的优势就是省电,但是由于直径过大,磁极数多,转速也低。

图5-4　铁芯

另外,电机还有一个关键要素就是磁极数,也就是磁极数量,磁极数量越多,电机转速越低,扭矩越大;磁极数量越少,电机转速越高。例如2极电机与4极电机在同等电压、同等功率的情况下,2极电机比4极电机转速快一倍,但是4极电机却比2极电机扭矩大一倍。所以磁极数多、KV值低的电机适合用大桨,KV值越高,桨越小。

现在随着农业植保无人机的市场日益火爆,有些厂家也推出了U系列电机,这种电机散热孔都在侧面,正面是一个完整面,能有效防止药液、沙石等杂质溅入电机内部轴承部位而损害电机,导致电机在飞行中卡死。

现在的无刷电机基本都防水,其主要作用是:第一,电压低,水电阻大,不至于短路;第二,没有碳刷的存在,更不会漏电;第三,现在的线圈都是漆包线,都有一层漆膜绝缘,只是轴承、轴、外壳等部件易生锈,所以短时间内在水中是没有任何问题的。但是在农业方面使用,最好还是要注意药液飘移问题,因为农药是化工物品,飞入电机内部容易腐蚀电机线圈的漆膜,导致电机短路,或腐蚀电机轴、轴承等部件,还可能导致电机卡死或出现其他异常情况。

因为无刷电机使用的是高频率交流电,所以请勿直接给电机用电池供电,否则电机就会像拉烟棒一样,冒出浓浓的白烟。

5.5 电 机 结 构

5.5.1 三相二极内转子电机结构

一般来说,定子的三相绕组有星形连接方式和三角连接方式,而"三相星形连接的二二导通方式"最为常用,故这里只对这种情况作详细分析。

图5-5为定子绕组的连接方式(转子未画出),三个绕组通过中心的点以"Y"型的方式被连接在一起。整个电机引出三根线A,B,C。当它们之间两两通电时,有6种情况,分别是AB,AC,BC,BA,CA,CB,图5-6(a)～(f)分别描述了这6种情况下每个通电线圈产生的磁感应强度的方向(用右手定则判断)和两个线圈的合成磁感应强度方向。

在图5-6(a)中,AB相通电,中间的转子(图中未画出)会尽量往绿色箭头(即较长的)方向对齐,当转子到达图5-6(a)中绿色箭头位置时,外线圈换相,改成AC相通电,这时转子会继续运动,并尽量往图5-6(b)中的绿色箭头处对齐,当转子到达图5-6(b)中箭头位置时,外线圈再次换相,改成BC相通电,往后以此类推。外线圈完成6次换相后,内转子正好旋转一周(即360°)。注意:何时换相只与转子位置有关,与转速无关。

图5-7中给出了换相前和换相后合成磁场的方向与转子位置的变化。一般来说,换相时,转子应该处于与新的合成磁力线方向垂直方向成一个钝角的位置,这样可以使产生最大转矩的垂直位置正好与本次通电的中间时刻一一对应。

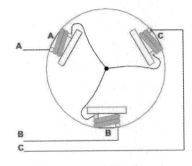

图5-5 "Y"型连接

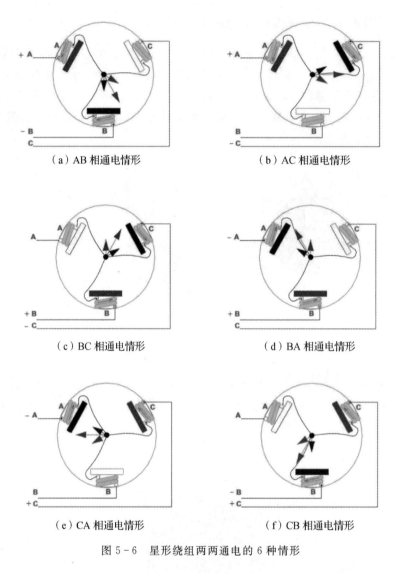

（a）AB 相通电情形　　　　　　　（b）AC 相通电情形

（c）BC 相通电情形　　　　　　　（d）BA 相通电情形

（e）CA 相通电情形　　　　　　　（f）CB 相通电情形

图 5 - 6　星形绕组两两通电的 6 种情形

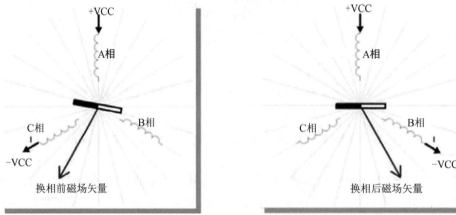

图 5 - 7　换相前和换相后的情形

5.5.2 三相多绕组多极内转子电机的结构

图 5-8(a)是一个三相 9 绕组 6 极(3 对极)内转子电机,它的绕组连线方式如图 5-8(b)所示。从图 5-8(b)可见,其三相绕组也是在中间点连接在一起的,也属于星形连接方式。一般而言,电机的绕组数量都和永磁极的数量是不一致的(比如用 9 绕组 6 极,而不是 6 绕组 6 极),这样是为了防止定子的齿与转子的磁钢相吸而对齐,产生类似步进电机的效果,此种情况下转矩会产生很大的波动。

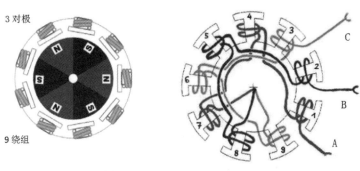

(a) 电机定子与转子结构   (b) 绕组连接方式

图 5-8 三相 9 绕组 3 对极内转子无刷直流电机结构

其二二导通时的 6 种通电情况读者可自行分析,原则是转子的 N 极与通电绕组的 S 极有对齐的运动趋势,转子的 S 极与通电绕组的 N 极有对齐的运动趋势。为了便于读者理解,图 5-9 给出了一个对齐的运动的示例。

图 5-9 某二相通电时的转子磁极和定子磁极对齐运动的最终位置

5.6 外转子无刷直流电机的工作原理

学习完内转子无刷直流电机的结构,现在学习外转子无刷直流电机的工作原理。两者的区别就在于,外转子电机将原来处于中心位置的磁钢做成一片一片的,贴到外壳上,电机运行时,整个外壳在转,而中间的线圈定子不动。外转子无刷直流电机较内转子来说,转子的转动

惯量要大很多(因为转子的主要质量都集中在外壳上),所以转速较内转子电机要慢,通常 KV 值在几百到几千之间,用在无人机上可以直接驱动螺旋桨,省去了机械减速机构。一般常见的外转子无刷电机的结构如图 5-10 所示。

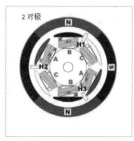

图 5-10　一些常见的外转子无刷电机结构

外转子无刷电机的分析方法也和内转子电机类似:转子永磁体的 N 极与定子绕组的 S 极有对齐的趋势,转子永磁体的 S 极与定子绕组的 N 极有对齐的趋势。

四轴电机用得比较多的是新西达的 KV 值为 1 000 的 XXD2212 电机。其结构为 12 绕组 14 极(即 7 对极),如图 5-11~图 5-13 所示。其结构如下:定子绕组固定在底座上,转轴和外壳固定在一起形成转子,插入定子中间的轴承(注意圆心处三根导线是互相绝缘的,并不像普通星形方式是连在一起的)。

图 5-11　XXD2212 电机结构

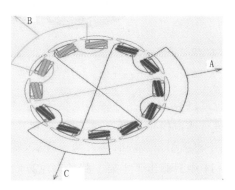

图 5-12　拆解后的定子绕组　　　　　图 5-13　XXD2212 电机的绕线方式

　　图 5-14 为 6 种两两导线相通电的情形,可以看出,尽管绕组和磁极的数量可以有许多种变化,但从电调控制的角度来看,其通电次序其实是相同的。

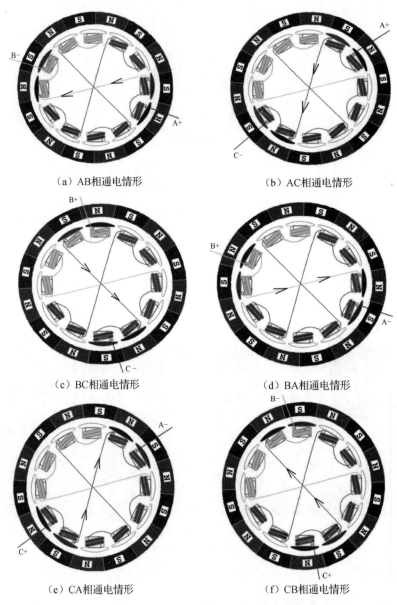

（a）AB相通电情形　　　　　　　　（b）AC相通电情形

（c）BC相通电情形　　　　　　　　（d）BA相通电情形

（e）CA相通电情形　　　　　　　　（f）CB相通电情形

图 5-14　6 种两两相通电的情形

　　也就是说,不管是外转子电机还是内转子电机,都遵循 AB→AC→BC→BA→CA→CB 的顺序进行通电换相。当然,如果让电机反转的话,可以按倒过来的次序通电。要特别说明的是,由于每根引出线同时接入两个绕组,所以电流是分两路走的。这里为使问题尽量简单化,图 5-14 中只画出了主要一路的电流方向,还有一路电流未画出,另一路电流的具体情况后文再作详细分析。

5.7　无刷直流电机转矩的理论分析

5.7.1　传统的无刷电机绕组结构

传统无刷电机的线圈形状如图 5 - 15 所示,线圈包围整个转子。电机三相绕组的示意图如图 5 - 16 所示。

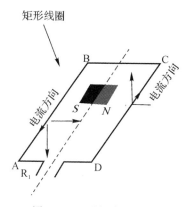

图 5 - 15　磁场中的线圈

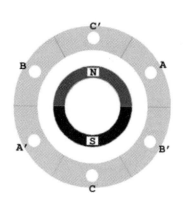

图 5 - 16　电机绕组示意图

图 5 - 16 中为简略示意起见,每相只画出了一个线圈,其实每相应该有 N 匝线圈。其绕组连接方式为:A′、B′、C′端通过星形连接在一起,A、B、C 为电机的三根引出线,如图 5 - 16 所示,其实物外形如图 5 - 17 所示。

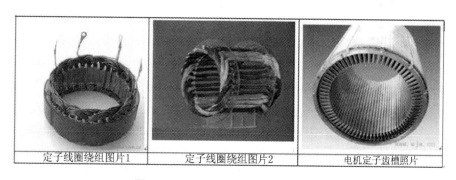

| 定子线圈绕组图片1 | 定子线圈绕组图片2 | 电机定子齿槽照片 |

图 5 - 17　无刷直流电机定子绕组结构

5.7.2　转子磁场的分布情况

绕组形式变成如图 5 - 15 所示的样子后,就可以用"左手定则"来分析了。不过在此之前,还要搞清楚一件事情,就是在这种绕组结构下,磁感应强度 B 的分布情况。

目前,国内外对无刷直流电机(Brushless DC Motor,BLDCM)的定义一般有两种:一种认为只有梯形波-方波无刷直流电机才可以称为无刷直流电机,而正弦波无刷电机则被称为永磁同步电机(Permanent Magnet Synchronous Motor,PMSM);另一种定义则认为梯形波-方波无刷电机和正弦波无刷电机都是无刷直流电机。迄今为止,还没有一个公认的统一标准对无刷直流电机进行准确的分类和定义。本书将采用第一种定义,把具有串励直流电机启动特性和并励直流电机调速特性的梯形波-方波无刷直流电机称为无刷直流电机。图 5-18 展示了内转子磁极的磁感应强度 B 的分布情况。我们预定义磁感应强度方向向外为正,从图中可以看出,在 0°时,内转子处于正反方向交界处,磁感应强度为零,然后开始线性增加,在 A 点时达到最大,然后一直保持恒定值不变,直到 B 点开始下降,到 180°的时候下降到零。然后开始负向增长,在 C 点处达到负值最大,然后保持恒定负值不变,直到 D 点强度开始减弱,到 0°时又回到零。至于 A 点到底在内转子转至几度的位置,不同的电机是不一样的。如果 A 点非常接近 0°的位置,上升和下降直线就会非常陡峭,"梯形波"就变成了"方波"。根据右手定则的公式(感应电动势=磁感应强度×导线有效长度×速度)可知在匀速转动下,各绕组产生的反电动势波形也呈梯形波-方波。

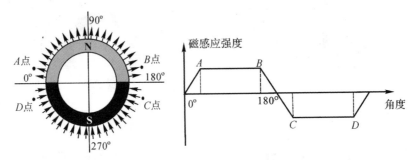

图 5-18　内转子磁感应强度分布情况

与此类似,上面提到的"正弦波"电机就是一种磁感应强度呈正弦波图形分布的直流无刷电机,也叫永磁同步电机。这种电机的绕组结构和梯形波电机的绕组结构不太一样,进而驱动方式也不太一样,由于这里只关注于梯形波的无刷直流电机,故对这种正弦波电机就不展开讨论了。需要研究的读者可以查看相关文献。

5.7.3　转子的受力分析

同样,我们仿照前面的做法,画出 6 种通电方式情形下转子的受力情况,这里只用"左手定则"作一个定性分析。

在图 5-19 中,除了画出了 6 种通电情形外,还画出了 6 个中间过程,这是为了更清楚地说明问题,同时也与下一节将要讨论的换相内容作一个衔接。

在图 5-19(a)中,AB 相通电,电流处于转子产生的磁场内,根据左手定则,我们判断线圈 AA′中的上半部分的导线 A 受到一个顺时针方向的电磁力,而 AA′的下半部分的导线 A′也受到一个顺时针方向的电磁力。由于线圈绕组在定子上,定子是固定不动的,故根据作用力与反作用力,定子绕组 AA′会施加给转子一个逆时针方向的反作用力,转子在这个力的作用下转动。同理,与 AA′的情况类似,BB′也会对转子产生一个逆时针的反作用力。

当转子逆时针转过 60°后,到达图 5-19(b)的位置,这时线圈 BB′已经到达转子磁极的边缘位置了,再转下去就要产生反方向的力了,所以需要换相,换成 AC 相通电,如图 5-19(c)所示。这样,每转过 60°换相通电,转子就可以一直转下去了。

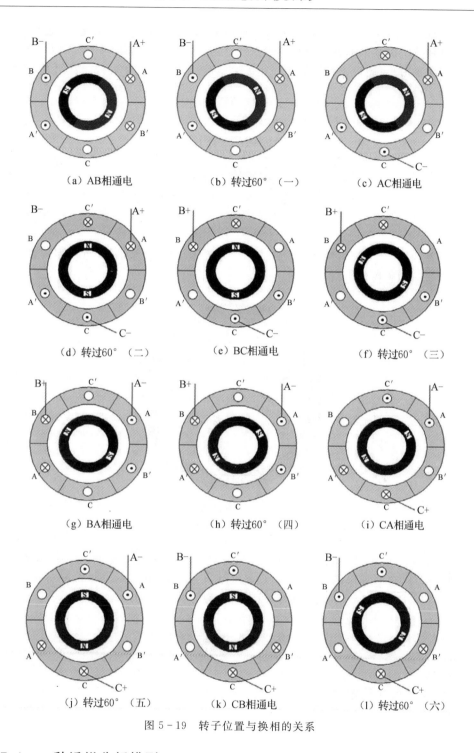

（a）AB相通电　　　　（b）转过60°（一）　　　　（c）AC相通电

（d）转过60°（二）　　　　（e）BC相通电　　　　（f）转过60°（三）

（g）BA相通电　　　　（h）转过60°（四）　　　　（i）CA相通电

（j）转过60°（五）　　　　（k）CB相通电　　　　（l）转过60°（六）

图 5 - 19　转子位置与换相的关系

5.7.4　一种近似分析模型

前面的讨论全都基于一个假设,就是转子磁场的磁力线是垂直穿过绕组的导线的。但事实上,磁力线总是倾向于沿磁阻最小的路径前进,并不穿过导线,如图 5 - 20 所示。

如果要分析这种情况下转子的受力,要用到复杂的磁链路分析理论。不过,事实上不用这么麻烦,实验证明,用高深的磁链路分析方法所得到的结果,和上文假设磁力线穿过导线的分析方法所得到的结果基本吻合。这是一本名为 *Industral Brushless Servomotors* 的书中提到的结论。也就是说,我们现在可以放心地用左手定则和右手定则去对绕组作近似分析了。

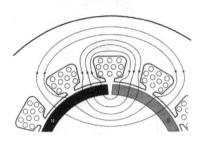

图 5 - 20 磁力线分布

现仍以新西达 2212 电机为例,为了方便说明问题,每个绕组的 N 匝线圈现都作了简化,而且对所有绕组和磁极都进行了编号,如图 5 - 21 所示。

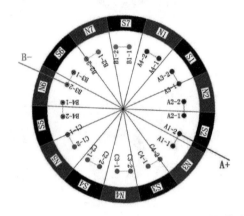

图 5 - 21 新西达 2212 电机 AB 相通电时的情形

AB 相通电时,A1 - 1 导线处在 N 极下,根据左手定则,受到一个顺时针方向的作用力,即同时施加给转子一个逆时针方向的反作用力。同时,A1 - 2 导线处于 S 极下,但电流方向与A1 - 1 相反,所以还是会施加给转子一个逆时针方向的作用力。与此类似,A2 - 1,A2 - 2,B3 - 1,B3 - 2,B4 - 1,B4 - 2 都会施加给转子一个逆时针方向的作用力,读者可自行分析。

5.8 换相与调速

5.8.1 换相的基本原理

1. 转子位置与过零检测

电机换相的时机只取决于转子的位置,那么转子的位置怎么测得?

一种比较简单的方式是用光电编码盘,这个编码盘在工业上用得比较多,如图 5 - 22 所示。不过由于其价格比较贵,而且需要接联轴器等部件联合使用,质量也不轻,显然不适合用于四轴电机。

另外一种方法是用霍尔效应器件来测。简单来讲,霍尔效应测量器件可以根据转子在不同位置时的磁场方向分布情况,给出 1 或 0 的输出,一般在电机的不同位置上装三个霍尔传感器,就可测出转子的位置。这就是所谓的"有感无刷电机的驱动"。

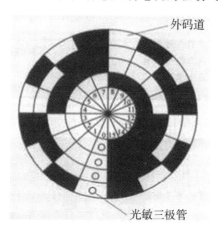

图 5-22　一种 4 位二进制编码盘

接下来重点讲"无感无刷电机里感生电动势变化"的测量方式。无传感器是利用第三相的感生电动势进行测量的。无感驱动方式的优点在于省略了三个霍尔传感器,整套系统质量更轻,结构更简单。其缺点在于启动比较麻烦,启动的时候可控性较差,要达到一定转速后才变得可控。不过这对无人机来说倒不是个问题,航空发动机一旦转起来后,在空中是不需要停车的。

现在具体分析无感无刷直流电机是如何利用第三相的感生电动势来测量转子的位置的。如图 5-19(a)(b)所示,在 AB 通电期间,线圈 CC' 的 C 边在图 5-19(a)中切割 N 极的磁力线并产生一个正向的感生电动势,在图 5-19(b)中却是切割 S 极的磁力线而产生一个反向的感生电动势,C' 边的情况也类似。这里我们定义:在转子逆时针旋转时,C 边切割 N 极磁力线和 C' 边切割 S 极磁力线产生的感生电动势为正;AA' 和 BB' 也用类似的定义。这说明,在 AB 相通电期间,如果测量线圈 CC' 上的电压,会发现其间有一个从正到负的变化过程。与此类似,图 5-19(c)～(f)中的情况也可以用相同的方法来分析。

这里需要说明的是,在 AB 相通电期间,不只是线圈 CC' 上产生感生电动势,其实 AA' 和 BB' 也在切割磁力线,也会产生感生电动势,其电动势方向与外加的 12 V 电源相反,所以叫"反向感生电动势"(BEMF)。其等效电路图如图 5-23 所示。

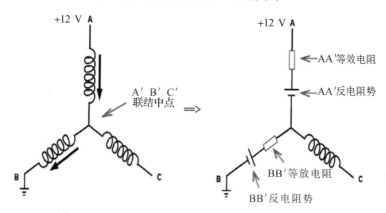

图 5-23　AB 相通电期间线圈 AA' 和 BB' 的等效电路

从图 5 - 24 可以看出,线圈绕组 AA′和 BB′上产生的反电动势很大,两个加起来略小于 12 V。因为线圈绕组本身的等效电阻很小(0.1 Ω 左右),如果反电动势不大的话,端电压加载在线圈绕组等效电阻上,会产生巨大的电流,线圈会被烧掉。为方便理解,我们姑且假设在额定转速下 AA′和 BB′各产生 5.7 V 的反电动势,那么它们串联起来就是 11.4 V 的反电动势,那么加载在等效电阻上的电压就为(12−11.4)V=0.6 V,最终通过绕组 AB 的电流就是[0.6÷(2×0.1)]A=3 A,看来这个假设还是比较合理的。同理,由于各绕组的结构是相同的,切割磁力线的速度也是相同的,所以线圈 CC′也应该会产生一个大小约为 5.7 V 的感生电动势。不同的是,在 AB 相通电期间,CC′的感生电动势会整个换一个方向,即所谓的"过零点"。

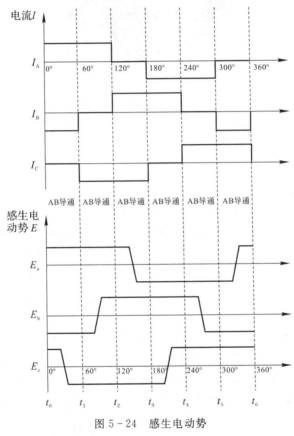

图 5 - 24 感生电动势

图 5 - 24 中的 t_0 时刻为 AB 相刚开始通电时的情况,CC′产生的感生电动势的等效电路图如图 5 - 25(a)所示;而图 5 - 24 中的 t_1 时刻为 AB 相通电快结束时的情况,CC′产生的感生电动势的等效电路图如图 5 - 25(b)所示。

由于中点电势值始终为 6 V,CC′线圈产生的感生电动势只能在以中点 6 V 为基准点的基础上叠加,仍旧假设在额定转速下 CC′上会产生 5.7 V 的感生电动势,那么在 t_0 时刻,测量 C 点的电压,其值应为(6+5.7)V=11.7 V;在 t_1 时刻,C 点的电压值应为(6−5.7)V=0.3 V。

也就是说,在 AB 相通电期间,只要一直监测电机 C 引线的电压,一旦发现它低于 6 V,就说明转子已转过 30°到达了 t_0 和 t_1 中间的位置,只要再等 30°就可以换相了。如果电调的 MCU 足够快的话,可以采用连续 AD 采样的方式来测量 C 点电压,不过大部分采到的 AD 值都是没用的,我们只关心它什么时候低于 6 V。这时候比较器就可以发挥作用了。比较器的连接电路图如图 5-26 所示。一旦 C 相输出电压低于 6 V,比较器马上可以感知并在输出端给出一个下降沿。同理,当电机处于 AC 相通电时,监测的是 B 相输出电压;当电机处于 BC 相通电时,监测的是 A 相输出电压。当电机开始进入 BA 相通电时,C 相输出电压一开始会处于一个较低的状态(0.3 V),过零事件发生时,C 相输出电压会超过 6 V,也就是说,这时比较器会感知并输出一个上跳沿。接下来的 CA,CB 相通电情况也类似,在此不再赘述。

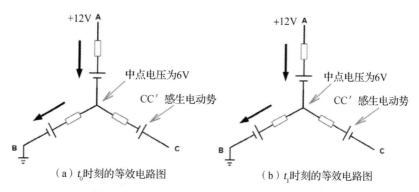

（a）t_0 时刻的等效电路图　　　　　　（b）t_1 时刻的等效电路图

图 5-25　AB 相通电期间 CC′的感生电动势

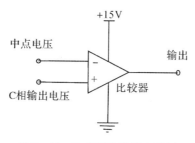

图 5-26　比较器的连接电路图

单片机自带的比较器一般只支持最高 5 V 的电压。事实上,图 5-26 只是为了方便说明问题,在真正的应用中,会对 C 相输出电压和 6 V 中点电压再加一个分压电路,而且中点电压也不总是等于 6 V。

5.8.2　换相策略

另一个问题是,就算检测到了 C 相的过零点,那还要等转子转过 30°才可以换相,转过这剩下的 30°究竟要花多少时间?

一种比较简单的做法是近似认为在 0°~60°的小范围区间内转子转速是基本恒定的。从 AB 相开始通电到检测出 C 相过零的前半段的时间,基本等于后半段的时间。所以只要记录下前半段的时间间隔 t_1,等过零事件出现后再等待相同的时间,就可以换相了。

另一种比较暴力的做法是检测到过零事件后,不等转子再转 30°,立马换相,事实上德国 MK 项目的 BL-Ctrl 电调程序就是这么做的。这样做的结果如图 5-27 所示。图 5-27(a)为 AB 刚开始通电时的情况,转过 30°后,到达图 5-27(b)的位置时,检测到 C 相过零,如果此时立刻换相为 AC 导通,将成为图 5-27(c)的状态。这时,CC′线圈还处于 NS 极的交界处,此时穿过 CC′的磁感应强度为零,CC′上将不产生电磁力。也就是说此时只有线圈 AA′在出力,CC′处于出工不出力的状态。不过这个情况只是瞬时的,只要转子稍微向前再转一点,穿过 C′

和 C 的磁感应强度就会开始增加,CC′就开始出力。如果梯形波电机工艺做得比较好,磁感应强度上升和下降直线比较陡峭的话,穿过 CC′的磁感应强度将很快达到最大值,期间损失的效率很小。如果电机的工艺做得一般般,上升和下降直线比较平缓的话,效率就会多损失一些,电机输出转矩的波动也会大一些。当转子继续转过 30°到达图 5-27(d)的位置时,一切都好,相安无事。当转子再转过 30°到达图 5-27(e)的位置时,会检测到 B 相的过零事件,此时如果立刻换相成 BC 相通电,将成为图 5-27(f)所示的状态,刚导通的 BB′线圈照例会处于"星期一综合症"的状态,效率很低、出工不出力,要再过一会儿才能进入最佳的工作状态。

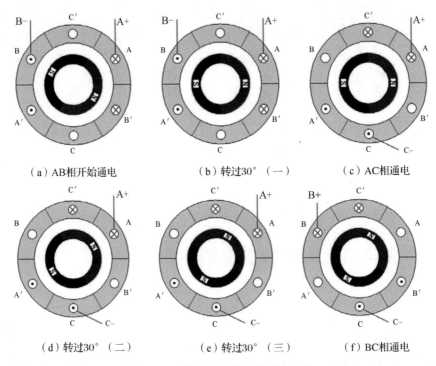

（a）AB相开始通电　　　　　（b）转过30°　（一）　　　　　（c）AC相通电

（d）转过30°　（二）　　　　　（e）转过30°　（三）　　　　　（f）BC相通电

图 5-27　暴力换相时各情景的分析

综上所述,暴力换相的方法也是可以用的,只不过效率会有所损失。除了首次换相是间隔 30°外,以后的每次的换相间隔都是 60°,转子旋转一周换 6 次相。

5.8.3　新西达 2212 电机的换相分析

在分析新西达 2212 电机的换相过程之前,要先介绍一下电角度的概念:发电机发出的电是三相的,一般是呈正弦波形,波形周期出现在坐标系的第一象限内为正半波(0°到 180°),第四象限为负半波(180°到 360°),以此循环,而波形上的每个点与原点和水平轴的夹角就是电角度。

图 5-28(a)显示了新西达 2212 电机 AB 相通电时的情形,在图中可以看出,A1-2 绕组边和 A2-1 绕组边都处于磁极 S2 下。现假设转子逆时针转过了一个角度,使得 A1-2 和 A2-1 都处于磁极 S3 之下,如图 5-28(b)所示。从物理角度来讲,每对磁极都是相同的,不同的磁极编号是人为加上去的,所以在定子绕组看来,图 5-28(a)和图 5-28(b)的磁场情况是完全相同的,故而这是一个完整周期,期间应该完成了全部的 6 次换相。

由于新西达 2212 电机共有 7 对磁极,故上述这个完整周期内,转子转过的机械角应为:
$360° \div 7 = 51.43°$,而其中的 6 步换相状态,每步所转过的机械角为 $51.43° \div 6 = 8.57°$。由于结果中带了小数,对于说明问题很不方便,于是在电工技术中,就产生了电角度(简称"电角")的概念。虽然每对磁极占圆周空间的机械角为 $360°$(极对数),但规定其电角度总为 $360°$。这样在图 5-28 中,从 S2 极转到 S3 极,就等于转过了 $360°$ 电角度,每次换相间隔仍为 $60°$ 电角度。

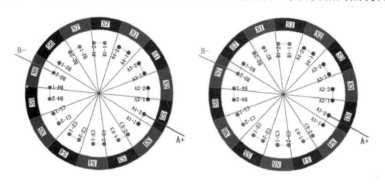

　(a) A1-2,A2-1 绕组边处下 S2 下　　　(b) A1-2,A2-1 绕组边处于 S3 下

图 5-28　新西达 2212 电机的一个电周期

为方便理解运行和换相过程,假设电机的梯形波上升沿和下降沿十分陡峭,近似于方波,转子呈逆时针旋转。

在图 5-29 中,N2 和 S2 磁极的分界线刚划过 A1-2 绕组边,AB 相开始导通。由于其定子绕组诡异的绕线方式,电流其实是分两路走的(图 5-28 中为便于读者理解,没有画出第二路电流)。第一路电流按照 A+→A1-2→A1-1→A2-1→A2-2→B4-2→B4-1→B3-1→B3-2→B-的路径走完;第二路电流按 A+→A3-2→A3-1→A4-1→A4-2→C2-2→C2-1→C1-1→C1-2→C3-2→C3-1→C4-1→C4-2→B2-2→B2-1→B1-1→B1-2→B-的路径走完。图中的点和电流回路描述了电流方向。

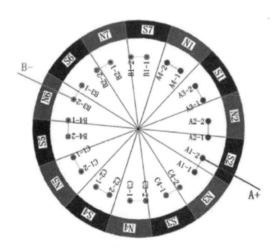

图 5-29　AB 相开始导通

由左手定则分析可知,第一路电流所经过的绕组边 A1-1,A1-2,A2-1,A2-2,B3-1,B3-2,B4-1,B4-2 都会对转子产生一个逆时针方向的电磁力,且每个绕组边产生的反电动

势略小于(12÷8)V＝1.5 V。其等效电路图如图5-30所示。

比较麻烦的是分析此时C相的感生电动势,现将第二路电流路径中的每个绕组边逐个分析,这里先预定义面向读者的感生电动势方向为正。结合绕组情况来看,A3-1和A3-2都处于S1磁极下,产生的感生电动势方向相同,所以互相抵消。同理,B1-1和B1-2的感生电动势互相抵消,C1-1和C1-2互相抵消,C2-1和C2-2互相抵消,C3-1和C3-2互相抵消。只有B2-1,B2-2,C4-1,C4-2产生有效的反向感生电动势,其等效电路如图5-31所示。

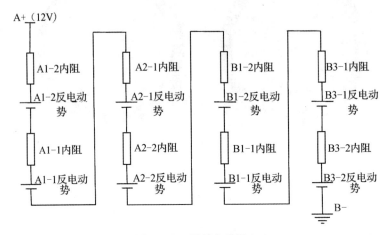

图5-30 等效电路图(一)

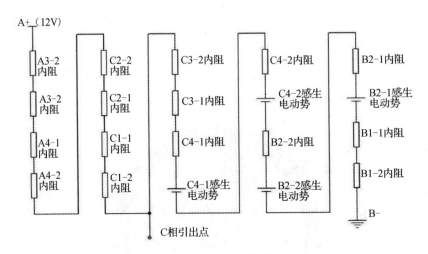

图5-31 等效电路图(二)

根据前面每个绕组边产生略小于1.5 V反电动势的结论,可算得C相引出点此时的电压值约为8 V,大于绕组中点电压6 V。

用相同的方法,再分析AB相导通快要结束时的情况,如图5-32所示。

在图5-32中,S2和N3磁极的分界线将要(还未)划过绕组边A1-2。第一路电流的等效电路如图5-30所示。这里主要分析第二路电流中的反电动势情况。从等效电路图5-33中可以看出,A4-1和A4-2的反电动势相互抵消,B1-1和B1-2的相互抵消,B2-1和B2-2的相互抵消,C2-1和C2-2的相互抵消,C3-1和C3-2的相互抵消,C4-1和C4-2

的相互抵消,只有 A3-1,A3-2,C1-1,C1-2 能产生有效的反向感生电动势。

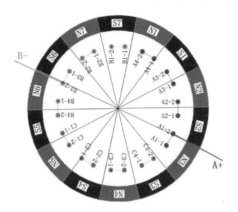

图 5-32　AB 相导通快要结束时的情况

根据这个等效电路图,可算得 C 点此时的输出电压约为 4 V,小于绕组中点的电压 6 V。可见,在 AB 相通电期间,C 相的输出电压穿越了 6 V 的中点。也就是说,期间发生了一次过零事件,可以被比较器检测到,并以此作为换相的依据。还可以看出的是,在第二路电流中,产生有效反向感生电动势 A3-2,A3-1,C1-1,C1-2 的绕组边,其实对转矩也是有贡献的。

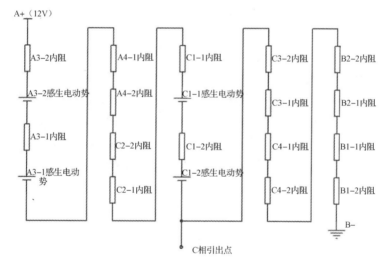

图 5-33　等效电路图(三)

5.8.4　调速

无刷直流电机,无论其换相模式多么复杂,控制方式和交流同步电机多么相似,从本质上来讲,还是属于直流电机,只不过是将原来有刷直流电机的机械换向器改成了电子换相器。

直流电机怎么调速?当然是用直流电压来控制。电压越高,电机转得越快;电压越低,电机转得越慢。不过遗憾的是,单片机并不能输出可调的直流电压,于是只好变通一下,用脉宽调制(PWM)的方式来控制电机的输入电压。PWM 占空比越高,等效电压就越高;PWM 占空比越低,等效电压就越低。

当然,单片机给出的 PWM 波形只是控制信号,而且最高电压只有 5V,其能量并不足以驱动无刷直流电机,所以必须再接一个功率管来驱动电机。功率管可以是 MOSFET(场效应管),也可以是 IGBT(绝缘栅双极晶体管)。

5.9　无人机无刷电机维修

5.9.1　无人机电机常见故障的判断与检测

电机在测试和使用过程中有时会出现防腐剂过热、抖转甚至还有停止转动等现象,这些现象会导致飞机坠毁的恶性后果,为此我们要按照标准的装机章程操作,无人机的动力系统要经常检测,做好记录,发现隐患要马上停止飞行并检查处理。

5.9.2　电机拆解

1. 卡簧拆解

仔细观察电机可以发现,在电机后面有一个卡簧。卡簧有两种形式,一种如图 5-34 所示,还有一种卡簧是像葫芦形状的。针对如图 5-34 所示的卡簧进行拆解,一种方法是拿镊子插进两个孔里,再使用钳子向外拉动;另一种方法是用镊子的尖部挑起卡簧的一个脚向上拉即可。

卡簧拆解完成后大家需要注意妥善保管卡簧和垫片。垫片如图 5-35 所示。

图 5-34　卡簧

图 5-35　垫片

2. 拆解转子和轴承

如果轴承的滚珠和内环还在,可以先用硬物将其撬开(轴承坏掉以后这个部分非常容易撬下来),只留下外环(转子和轴承见图 5-36 和图 5-37),然后用焊锡丝将整个外环的内部灌满,等冷却后用一根长铁棍或者钉子,一头顶着焊锡,另一头往地上击打,一般击打 2~3 次轴承就出来了。

图 5-36　转子

图 5-37　轴承

3. 拆定子

拆定子一般有两种办法，一种是将电机主体整个放入沸水中煮 5 min 后，取出，用毛巾包着，用老虎钳左右拧一下就可拆下定子。第二种是将定子上的轴承取下，把加热的电烙铁头部插入原轴承孔内，2 min 后用毛巾包着，用老虎钳左右拧一下就可拆下定子。安装定子时可以给定子固定座涂上环氧树脂胶，或者涂 AB 胶，定子上的绝缘漆如果掉了，也可以用 AB 胶修补，如图 5-38 所示。

（a）给电机定子组加热

（b）定子固定座

（c）拆定子上绕线部分

图 5-38　拆定子

5.9.3　无刷电机定子绕线和电机参数 KV 值的关系

无人机所采用的无刷电机工作结构本质上是三相交流电机，但是电机特性却与直流电机类似，所以称其为无刷直流电机。其结构为桥式电路结构，普遍使用分数槽集中绕组结构，无人机电机普遍为无感电机。现代的无刷直流电机普遍采用星形接法，但是无人机无刷电机普遍采用三角形接法，三角形接法和星形（Y 形）接法如图 5-39 所示。

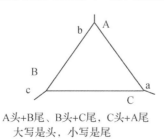
A头+B尾、B头+C尾，C头+A尾
大写是头，小写是尾
（a）三角形接法

A\B\C尾尾相接
（b）星形接法

图 5-39　无刷电机定子绕线接法

（1）三角形接法：三根线头尾相接，1头＋2尾，2头＋3尾，3头＋1尾。

（2）星形接法：三根线尾尾相接，即三相尾部接在一起，其他三根线引出接电机。

在这里需要明白的是两种接法绕线的顺序都是一样的，三角形接法和星形接法只是最后接法不同而已。

（1）星形接法的特点：效率更高、匝数更少，其他数据一样情况下工作电压更高。

（2）三角形接法的特点：匝数更多，其他数据一样的情况下工作电压更低。

例如：一台型号为2212，KV值为1 400的电机（默认三角形接法）改用星形接法，转速将变为1 400÷1.732＝808 KV，并且该电机在12 V电压下工作功率大为降低，如要实现之前的功率，需要提高电压到12 V×1.732＝21 V，即在21 V电压下和之前的功率相近。

同样的，一台星形绕法的无刷电机，如需要保持转速和功率不变，在改为三角形接法后，需要将电压降低$\frac{433}{250}$倍使用，否则极易烧坏电机。实际运用：将3S电机改为6S电机，最简单的办法就是将三角形接法改为星形接法。

总体而言，Y形接法在效率上优于三角形接法，但是因为要方便工业生产，什么模型、无人机用的电机大量使用三角形接法。

如图5-40所示的绕线接法称为12N14Pvoll1278cw，即定子有12个槽，转子上有14个磁钢的电机（XXD的2208、2212电机大部分都是这个结构）。

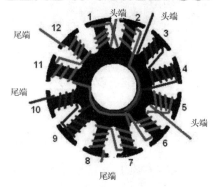

图5-40　12N14Pvoll1278cw绕线接法

图5-40中1、8是一组绕组，1是头端，8是尾端；3、10是一组绕组，3是头端，10是尾端；同样5、12是一组绕组，5是头端，12是尾端。把8、10、12接在一起，1、3、5接电源，这种接法称为星形接法。

把第一组的头端1和第三组的尾端12接在一起，作为电源的第一个引入点；第二组的头端3和第一组的尾端8接在一起，作为电源的第二个引入点；第三组的头端5和第二组的尾端10接在一起，作为电源的第三个引入点，这种接法称为三角形接法。

理论上同样P（磁极数）和N（槽数）的条件下，两种接法的电机转速应该一样。不过一般三角形接法功率大（同一电机三角形接法是星形接法功率的3倍），启动力矩大，飞行速度快。而星形接法功率小，飞行速度慢。根据$v＝W/F$（速度＝机械功率/牵引力），W提高了，v自然就高了，减小F（小翼展飞机）也可以提速。而三角形接法的电机启动压降大，但是它的启动力矩也大;星形接法的启动压降小,启动力矩也小。转速相同,星形接法使用小电机,而三角形接法使用大电机。

关于电调的调速极限与磁极数量的对应关系见表 5 - 1。

表 5 - 1　电调的调速极限与磁极数量的对应关系

磁极数量	调速极限/$(\times 10^4 \, rad \cdot min^{-1})$
2P	21
4P	10.5
6P	7
8P	5.25
10P	4.2
12P	3.5
14P	3

在相同电压以及相同定子的条件下:

当槽极大于磁钢时,差值越大,转速越快,扭距越小,空载电流相对较高,如 9N4P 转速就比 9N6P 快。

当槽极小于磁钢时,差值越大,转速越慢,扭距越大,空载电流相对较低,如 18N28P 转速就比 18N24P 慢。

高 KV 值,粗线少绕,低 KV 值,细线多绕,绕的圈数和并线数量说明:

一般情况下,采用线径为 0.21~0.23 mm 的漆包线并绕,单股线长 93 cm 左右,具体见表 5 - 2(T 是绕的圈数,以 2212 电机为例)。

表 5 - 2　2212 电机接线的 KV 值对应绕线圈数

KV 值	绕线圈数	并线股数
1 400	10T	5 根并绕
1 000	13T	4 根并绕
2 200	6T	8 根并绕
2 800	5T	10 根并绕
3 500	4T	12 根并绕

5.10　无刷电机故障分析和维护方案

无刷电机的损坏并不是各不相同的。不管是什么型号的无刷电机,检修方案和维护方案大致一样。

5.10.1 电机电源线损坏

当电机正确接好外接电源,但不能运转的时候,电源是我们第一个要检查的地方。

首先断开电源。在这里我们有两个方法可以检测。

(1)把电机的三根电源线短接,转动电机,如有阻尼现象则表明电机电源线完好,否则说明电机电源线已断开。电机电源线如图 5-41 所示。

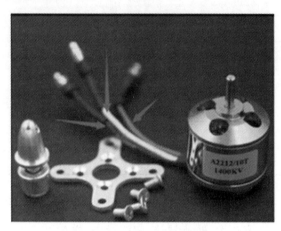

图 5-41 电机电源线

(2)用万用表电阻挡(200 Ω 挡位),两表笔分别接触电机两根电源线,有阻值显示则表示电机电源线完好,阻值为 1 Ω 左右(阻值视不同的电机而定),如阻值显示为开路(阻值无穷大)则表明电机电源线断开,这种现象基本是电线香蕉接头焊接不到位造成的。故需要将之前的香蕉头全部去除,重新焊接香蕉头,焊接处必须用热塑管包裹好。

无刷电机电源线的维护详情见表 5-3。

表 5-3 无刷电机电源线维护

工卡标题	无刷电机电源线维护			
机型	N/A	工种	AV	
机号	N/A	工作区域	无人机综合实训室	
版本	R0	工时	1	
参考文件	《X80 管线钢管线路焊接施工及验收规范》			
注意事项	(1)烙铁不使用时要放在烙铁架上,防止烧坏其他物品;电烙铁长时间不使用,要切断电源; (2)万用表要使用规范; (3)每个焊点的焊接时间应在 1~2 s 之内			
编写/修订	XX	审核	XXX	批准
日期	2016/12/21	日期	2016/12/21	日期

工卡标题	无刷电机电源线维护					
工具/设备/材料					工作者	检查者
类别	名称	规格型号	单位	数量		
工具	电烙铁	50W	个	1	工作者	检查者
	剥线钳	JRF-CSP-501	把	1		
	镊子		把	1		
	斜口钳	3.5 英寸	把	1		
	热塑管		个	3		
	吸焊器		个	1		
	焊锡丝		匝	1		
	数字万用表	UT56	块	1		
材料	香蕉头	3.5 nm	个	3		
	无刷电机	Xxd 2212	个	1		

工作任务

工具准备与调试

工作准备	工作者	检查者
检查测量仪器的有效性,确保其在有效期内		
准备好各个工具		
选择有效的技术文件		
按照材料表检查材料的种类与数量是否齐全		
检测材料的好坏,如坏掉,需及时更换		
看懂操作步骤,如有疑问,及时请教指导老师		
把电机的三根电源线短接,转动电机,如有阻尼现象则表明电机电源线完好,否则电机电源线已断开		
在确定电源线断开后,用斜口钳剪去之前的线		
用剥线钳将线外表皮剥开		
将焊锡丝熔入香蕉头内,并将线与香蕉头焊好		
用万用表电阻挡(200 Ω 挡位),两表笔分别接触电机两根电源线,有阻值显示则电机电源线完好		
用热塑管将焊接位保护好		
结束工作	工作者	检查者
(1)清点工量具 (2)清扫现场		

5.10.2 缺相现象和维护

缺相现象通常表现为,接通电源后,推动操纵杆,电机抖动不能工作,或转动无力且噪声大。从电机本身来说是无刷电机或无刷控制器的三相电路中,有一相不能工作而引起的。

对于这个现象,我们首先要确定是电机一侧缺相还是电调一侧缺相。判断电机是否缺相,用万用表测量通断就行了,通常用万用表测两根线之间的电阻是不是一样的,如果是断线则将线重新接好就行。为了避免电机缺相现象出现,要对电机外接线进行保护,防止外部损坏,在接口处的香蕉头要保证焊接好,并用热塑管保护好。

无刷电机缺相的维护详情见表5-4。

表5-4 无刷电机缺相维护

工卡标题	无刷电机缺相维护				
机型	N/A	工种		AV	
机号	N/A	工作区域		无人机综合实训室	
版本	R0	工时		1	
参考文件	《X80管线钢管线路焊接施工及验收规范》				
注意事项	(1)不能直接接通电源; (2)维护过程中应当取下桨叶; (3)万用表要规范使用; (4)烙铁不使用时要放在烙铁架上,防止烧坏其他物品;电烙铁长时间不使用,要切断电源				
编写/修订	XX	审核	XXX	批准	
日期	2016/12/21	日期	2016/12/21	日期	

工具/设备/材料					工作者	检查者
类别	名称	规格型号	单位	数量		
工量具	数字式万用表	UT56	个	1		
	电烙铁	50W	把	1		
	焊锡丝		匝	1		
	斜口钳		把	1		
材料	无刷电机	Xxd 2212	个	1		
	香蕉头	3.5 nm	个	3		

工作任务		
工具准备与调试		
工作准备	工作者	检查者
(1)检查测量仪器的有效性,确保其在有效期内		
(2)准备好各个工具		
(3)选择有效的技术文件		

续表

工作步骤	工作者	检查者
(4)按照材料表检查材料的种类与数量是否齐全		
(5)检测材料的好坏,如坏掉,需及时更换		
(6)看懂操作步骤,如有疑问,及时请教指导老师		
工作步骤	工作者	检查者
用斜口钳将之前的香蕉头取出		
用剥线钳将线外表皮剥开		
将焊锡丝熔入香蕉头内,并将线与香蕉头焊好		
用万用表测两根线之间的电阻,测三次,看看电阻是不是一样的。如果一样则接通电源,电机阻尼现象消失,正常运转		
结束工作	工作者	检查者
(1)清点工量具; (2)清扫现场		

5.10.3　电机绕组线圈维护

电机绕组烧毁一般是由于在运行过程中没有使用合适的桨叶,或者由于一些其他外界因素造成的。通常表现为电机不转,发热超过正常值,能闻到刺鼻的气味。对于这个现象,基本可以断定为电机绕组线圈故障。

这个时候采用"重新给电机绕线"的方式进行维护,具体操作如下:

(1)拆定子。用工具拆卸时用布包裹定子,不要损坏定子外表涂层,否则定子日后会生锈。

(2)确定股数和匝数。以一个 2206 电机来表述:该电机 KV 1 400 的绕法是 021×2×20,也就是一个绕组可以绕 40(20×2)圈 0.21 mm 线径的漆包线。以大家最常用的 2212 型号电机来表述,2212 KV 1 000 绕法是:0.21×4×13T,由此可知每个绕组可以绕进 52 (4×13)圈 0.21 mm 的漆包线,匝数是 13。

(3)备线。备线一定要留足空间,各个级别电机备线的计算公式见表 5－5。

表 5－5　各备线公式

电机级别	换算公式
2212	0.032×4×匝数＋0.2＝备线长度
2208	0.02×4×匝数＋0.2＝备线长度
2217	0.04×4×匝数＋0.2＝备线长度
2814	0.038×4×匝数＋0.2＝备线长度

(4)绕线方法。

无刷电机三角形接法是 3 相之间 A 头接 B 尾、B 头接 C 尾、C 头接 A 尾。而星形接法(Y接)是 A、B、C 之间尾尾相接。如图 5－42 所示,无人机无刷电机普遍是三角形接法。

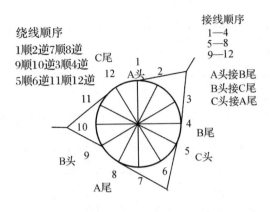

绕线顺序
1顺2逆7顺8逆
9顺10逆3顺4逆
5顺6逆11顺12逆

接线顺序
1—4
5—8
9—12

A头接B尾
B头接C尾
C头接A尾

（a）三角形接法

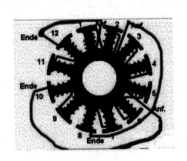

（b）三角形接法模型图

图5-42 无刷电机三角接法

（5）电机涂绝缘漆。把电机浸入绝缘漆10～15 min，捞起沥干。

（6）处理电机三根引出线。

1）引出线用热缩管或硅胶线包住，线头末端留1 cm。

2）用一根比较粗的热缩管，套进三根电机线，直达电机底座，加热，包裹住三根电机线。

3）电机线末端1 cm，用铁尺把绝缘漆刮掉，务必做到全部刮除干净，重新绞合在一起，连接香蕉头。

4）用一根比香蕉头大的热缩管包裹香蕉头和尾端1 cm。

（7）测试。需要达到以下条件，才可以确认无刷电机修复完成。

1）电机以50%的油门空载1 min，温度正常。

2）对比之前没坏时，同样电压负载，可以达到之前80%以上的拉力。

3）正常负载，以70%的油门运转1 min，电机温度在50℃以内。

如果有以下情况，则表示需要重新修复。

1）电机通电转不起来。

原因：缺相，最有可能是香蕉头虚焊，或两线绞合时，绝缘漆没有刮干净，没有连通。

2）电机可以转，但温度很高。

原因：最有可能的就是绕线时，部分线正逆顺序错误，此时需要重新绕线；也有可能是某个电机的磁钢退磁。

3）电机连接电调后会响，但是不转。

原因：电机绕线顺逆错误，或接线错误，此时需要重新绕线。

无刷电机绕组线圈的维护详情见表5-6。

表5-6 无刷电机绕组线圈的维护

工卡标题	无刷电机绕组线圈维护		
机型	N/A	工种	AV
机号	N/A	工作区域	无人机综合实训室
版本	R0	工时	1

续表

工卡标题	无刷电机绕组线圈维护					
参考文件	《X80 管线钢管线路焊接施工及验收规范》					
注意事项	(1)拆除定子要注意采用东西保护; (2)万用表要规范使用; (3)烙铁不使用时要放在烙铁架上,防止烧坏其他物品;电烙铁长时间不使用,要切断电源; (4)每个焊点的焊接时间应在 1~2 s 之内					
编写/修订	XX	审核	XXX	批准		
日期	2016/12/21	日期	2016/12/21	日期		

工具/设备/材料

类别	名称	规格型号	单位	数量	工作者	检查者
工量具	数字式万用表	UT56	个	1		
	电烙铁	50W	把	1		
	焊锡丝		匝	1		
	尖嘴钳		把	1		
	镊子		把	1		
材料	无刷电机	Xxd 2212	个	1		
	香蕉头	3.5 nm	个	3		
	线圈		捆	1		

工作任务

工具准备与调试

工作准备	工作者	检查者
检查测量仪器的有效性,确保其在有效期内		
准备好各个工具		
选择有效的技术文件		
按照材料表检查材料的种类与数量是否齐全		
检测材料的好坏,如坏掉,需及时更换		
看懂操作步骤,如有疑问,及时请教指导老师		
工作步骤	**工作者**	**检查者**
用螺丝刀将螺丝拧开,取下转子		
将电机固定,用布将定子包裹,用尖嘴钳将其取下		
采用正确的方法绕线		
将引出的三根线用热缩管包裹		
引出的线预留 1 cm,与香蕉头焊接好,同时焊接部位也要用热缩管包裹		
如上述都无误,则查看是否校准成功		
结束工作	**工作者**	**检查者**
(1)清点工量具; (2)清扫现场		

5.10.4 电机进水

如果无人机在飞行过程中因为操作不当掉入水中等原因导致电机进水,应立即切断电源,将电机卸下来用纸巾擦干水渍,随后用吹风机近一步吹干,接着放置在干燥通风处,自然风干,最后用万用表对电机进行检测,若没发现问题,则可以通电进行短时间的测试飞行。

无刷电机进水维护详情见表 5-7。

表 5-7 无刷电机进水维护

工卡标题	无刷电机进水维护					
机型	N/A	工种		AV		
机号	N/A	工作区域		无人机综合实训室		
版本	R0	工时		1		
参考文件	《X80 管线钢管线路焊接施工及验收规范》					
注意事项	进水后应立即断电,处理后应用万用表检测					
编写/修订	XX	审核	XXX	批准		
日期	2016/12/21	日期	2016/12/21	日期		
工具/设备/材料					工作者	检查者
类别	名称	规格型号	单位	数量		
工量具	数字式万用表	UT56	个	1		
	六角螺丝刀	2.0 mm	把	1		
	吹风机		台	1		
材料	无刷电机	Xxd 2212	个	1		
工作任务						
工具准备与调试						
工作准备					工作者	检查者
检查测量仪器的有效性,确保其在有效期内						
准备好数字式万用表、吹风机						
选择有效的处理方式						
看懂操作步骤,如有疑问,及时请教指导老师						
工作步骤					工作者	检查者
将无刷电机断电						
用纸将电机表面擦拭干净						
用螺丝刀将转子取下						
用吹风机烘干电机,时间半个小时左右						
将转子转回,拧好螺丝,用万用表测量						
用万用表电阻挡(200 Ω 挡位),两表笔分别接触电机两根电源线,有阻值显示则电机完好						
结束工作					工作者	检查者
(1)清点工量具; (2)清扫现场						

5.11　本章小结

本章介绍了无刷直流电机的基本结构,涉及一些基本的概念(换相与调整)。重点讲解了无人机常用的外转子无刷电机的结构与工作原理,同时着重介绍了无人机电机的维修。

本章对多旋翼无人机无刷电机一些常见故障的原因进行了分析,并给出了相应故障的维护方案。具体工作如下:

(1)搜集多旋翼无人机无刷电机的各种技术资料和技术说明,熟悉各种资料,掌握多旋翼无人机无刷电机的结构和工作原理。

(2)对无刷电机的电源线损坏给出维护方案。

(3)对无刷电机出现的缺相做出解释并且给出解决方法。

(4)对无刷电机出现的定子烧线提出维护方案。

(5)对无刷电机进水提出处理方法。

不仅总结了多旋翼无人机无刷电机维修方案,清晰地说明了排故的过程,还可以使学生熟悉多旋翼无人机无刷电机的组成及工作原理,了解多旋翼无刷电机的故障及其产生的原因,便于在今后的工作中及时、准确地发现问题和解决问题。同时也是对所学知识的一种运用,能够检验学生对所学知识的掌握程度,对于以后的多旋翼无人机维修也有一定的参考性。

通过不断对方案进行改进,让学生真正认识到,认真严谨、实事求是、不怕困难、坚持不懈、乐观、积极向上的精神是学习中最需要的品质。

5.12　课后习题

(1)简述无刷电机的种类以及对应的特点。

(2)无刷电机是按什么顺序进行通电换相的?

(3)什么是换相? 换相的基本原理是什么?

(4)什么是电角度?

(5)请画出三角形与星形连接的原理图,并指出这两种连接对应的特点。

5.13　实训项目

1. 项目名称

新西达 2212 KV 1 000 无刷电机无感转子绕线。

2. 实训步骤

(1)确定线径、股数和圈数。绕线第一步,根据需要的 KV 值,设定漆包线直径、股数和圈数如图 5-43 所示。本项目所绕制的电机为新西达的 2212 KV 1 000 电机,0.21 mm 线径,4 股,13 圈,单个绕组线长 1.9 m 左右(数据仅供参考);2216 是 KV 1 100,0.21 mm 线径,6 股,8 圈,单个绕组线长大约 1.5 m 左右(数据仅供参考)。

图 5-43　确定线径、股数和圈数

（2）绕线。根据钓鱼线（也可用其他线代替）的长度，拉出相应股数、长度的漆包线后，就可以开始绕线了。注意 3 号电机槽的绕线方向和其他两组（1,5）相反。具体绕线步骤如图5-44所示。

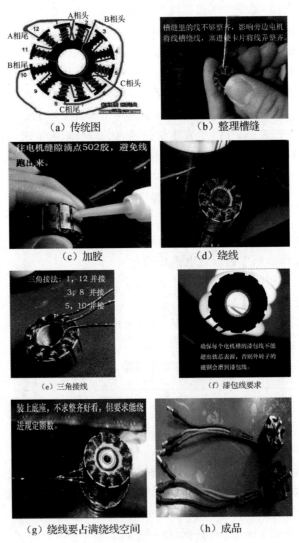

图 5-44　绕线步骤

第6章 无人机电调的维修及维护

6.1 课前预习

📖 **在书上找答案。**

(1)电调的主要功能原件有哪些?

(2)电调的工作原理有哪些?

(3)导致电调 MOS 管损坏的因素有哪些?

(4)无刷电调与有刷电调有何区别?

(5)过零检测的目的是什么?

6.2 概　　述

无人机能够在空中飞行全靠螺旋桨或者涡扇来牵引带动,驱动它们旋转的动力都是来自发动机或电机,那么既然是电机就需要驱动控制器来控制其转速和功率大小,这样才能使无人机平稳地在空中飞行。那驱动电机的控制器具体是什么呢? 我们怎么去判断驱动的好坏? 驱动出现问题时我们应该怎么维修? 这就是我们接下来需要学习的知识。

本章所讲内容:

(1)无人机电调简介;

(2)无人机电调的常见故障与维修;

(3)无感无刷电调的驱动电路设计。

6.3 电 调 简 介

"电调"是电子调速器(Electronic Speed Control,ESC)的简称。针对不同电机,电调可分为有刷电调和无刷电调,如图 6-1 所示,它根据控制信号控制电机的转速。

电调的功效就是控制电机实现规定速度和动作。从专业的角度来讲,有刷电调输出直流电,如图 6-2 所示;无刷电调输出三相交流电,如图 6-3 所示。直流电就是电池里存储的电,有正负极之分,而家庭用电(220 V)以及用于手机充电器或者电脑的电源都是交流电。交流电就是带有一定的频率,通俗地讲就是一根线上正负极来回交换着;直流电就是正极是正极,负极是负极。

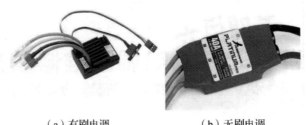

（a）有刷电调　　　　　　（b）无刷电调

图 6-1　电调

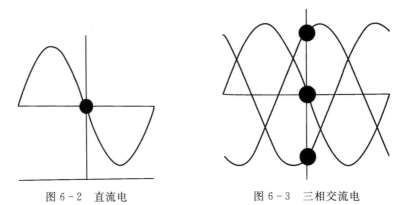

图 6-2　直流电　　　　　　　　图 6-3　三相交流电

弄清楚了什么是直流电和交流电,那么什么又是三相交流电呢? 理论上讲,三相交流电是电的一种传输形式,简称"三相电",是由 3 个频率相同、振幅相等、相位依次互差 120°的交流电势组成的电源。通俗的讲,无刷电调输出的三相电类似于家用的三相交流电,除了电压、频率、驱动角不同,其他都一样。

有刷电调的工作原理就是通过接收机或者飞控输出的 PWM 信号经过内部单片机处理后输出驱动调节信号调节 MOS 驱动管,再由 MOS 管调节输出的电压,并且为了加大输出功率,单片机发出信号时带有一定开关性,也致使 MOS 管输出的电压带有一定频率,通俗的讲就是开、关的控制,这种频率非常高,这就是为什么现在我们用的手机充电器体积比以前的小,而且质量比以前轻,功率却比之前的大。电调的电路板如图 6-4 所示。电调频率越高,单位时间内传递的能量就越多,所以输出带有一定的开关频率会加大电调的功率。除这些基本功能之外,一些大功率有刷电调还具有电池低压保护等辅助功能,如图 6-5 所示。

图 6-4　电调电路板

图 6-5　大功率电调

无刷电调原理与有刷电调类似,也是通过单片机控制 MOS 管调节的输出电压而实现电机调速的,但它与有刷电调最大的区别就是它内置逆变器,输出的是三相交流电,频率是 8 000 Hz。正常的家用电频率是 50 Hz,相比家用电调,无刷电调高出许多。正是因为无刷电调频率高,所以它功率大,线圈缠绕只有几匝(圈数)因而一般不会短路。

无刷电调输入的是直流电,通过一个滤波电容稳定电压。然后分成两路,一路是电调的 BEC(Battery Eliminaticn Circuit)使用,BEC 是给接收机与电调自身单片机供电使用的,输出至接收机的电源线就是信号线上的红线和黑线;另一路是介入 MOS 管使用,电调上电,单片机开始启动,驱动 MOS 管震动,使电机发出"滴滴滴"的声音。启动后待命,有些电调带有油门校准功能,在进入待命前会监测油门位置是高、是低、还是处于中间,高的话进入电调行程校准,中间的话开始发出报警信号,电机会滴滴的响,低的话会进入正常工作状态。一切准备就绪后,电调内的单片机会根据 PWM 信号线上的信号决定输出电压的大小和频率的高低,以及驱动方向和进角多少来驱动电机的转速和转向。这就是无刷电调的原理。在驱动电机运转时,电调内共有三组 MOS 管工作,每组 2 个极,一个控制正极输出,一个控制负极输出,当正极输出时,负极不输出,负极输出时,正极不输出,这样也就形成了交流电。同样,三组 MOS 管都是这样工作的,它们的频率是 8 000 Hz。无刷电调就相当于一个工厂里电机上使用的变频器或者调速器。

除了这些基本的功能外,电调还有电池低压保护功能以及监测电池电压的功能,最早的无刷电调都支持双电池模式,也就是现在的锂聚合物电池和以前的镍氢电池。通过遥控油门杆和电机的提示音可以修改供电模式以及电调的进角和刹车灯功能。电调的保护功能见表 6－1。那么什么是进角和刹车功能呢? 前文讲到家用三相交流电相位角为 120°,这就是家用电的进角,现在的电调提供高、中、低三个进角,如果负载比较重就用高进角,如果负载轻就用中或低进角,进角为 0 或者为负数的时候,马达较为省电,但是无力,有进角的马达较为有力,但耗电。

表 6－1　电调保护功能

设定项	提示音		
	1	2	3
刹车	无刹车	有刹车	
电池类型	锂电池	镍氢电池	
低电压保护方式	逐渐降低功率	立即关闭动力	
低电压保护阈值	低	中	高
启动模式	普通启动	柔和启动	超柔和启动
进角	低	中	高

由于电机的 KV 值较低,经常在飞行过程中遇到电机堵转或者启动不顺等情况,这就是电调设置的进角引起的。电调刹车功能并不是给飞机刹车,而是给电机降速使用的,例如,我们把油门推到最大,然后快速把油门拉到最低,电机还会靠惯性转动,这是因为刹车没有开启。开启刹车后,油门拉到最低,电机会迅速停止转动。用手转动电机时感觉有一股阻力存在,这就是刹车处于开启状态。在电调通电时,电机响是怎么一回事呢? 事实上,电机响是电调在作

怪,我们都知道,喇叭内部有一层线圈,后边有一块磁铁,给线圈通电,带有一定震动频率的电,线圈产生磁场,与后边的磁铁产生震动,用这种震动带动纸膜震动,通过纸膜震动带动空气运动产生了响声。同样的道理,电调是给电机通电,并且带有一定的频率,让电机内部的线圈产生交替、变换的磁场而带动电机转子震动,电机转子通过震动带动空气运动产生响声。这就是电机会发出响声的奥妙了,有兴趣的话可以将电机当作一个喇叭使用,从小音响的喇叭上拆下来两根线,接在电机任意的两根线上,放首音乐,电机就会发出清脆的音乐声。目前市面上所有的电调通信接口信号均是 PWM 信号,那么什么又是 PWM 信号呢? PWM 就是脉冲宽度调制的英文缩写,方波高电平时间与周期的比例叫作占空比,如图 6-6 所示,例如 1 s 高电平 1 s 低电平的 PWM 波占空比是 50%。

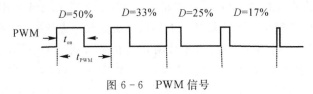

图 6-6　PWM 信号

举个最简单的例子,就像一个灯泡,亮—熄熄熄—亮—熄熄熄—亮依次交替(如同上述给了标准方波),如果要使灯泡亮的时间变长,就是亮亮—熄熄熄—亮亮—熄熄熄这样循环(这就是方波高、低电平占空比变化了)。这只是个例子,它们都是在一定的周期时间内完成的通断动作,依靠这个时间来传递信号。电调就是由接收机或飞控产生 PWM 信号,然后驱动电机工作。

直升机版的电调不能用于多轴使用,因为直升机版的电调有缓启动项,缓启动是什么呢?最简单的例子:在一瞬间将油门推高,电机会经过 2～3 s 才能达到正常转速,多轴的电调就是推动油门,它的响应频率很快,不会有延时启动的现象。另外,大部分直升机电调在油门大于10% 之后会逐渐加速,不管油门在什么位置,它会一直加到最大油门,然后保持 100% 的油门输出,除非油门杆落到 10% 以内才会减速,这就是定速功能。定速为什么不能用于多轴呢?因为多轴全靠电机转速来调节机身平衡,而直升机靠的是机械结构,其螺距是变化的。多轴靠的是电调电机转速,如果机身发生了倾斜,电机不能及时加速,很有可能导致坠机的悲剧发生,或者定速电调一旦启动,直接就是最大油门,无法操控。

电调的种类很多,一定要根据自己的需要去选择使用,具体选用请参考《无人机系统导论》,这里不做过多赘述。

6.4　电调常见故障的维修

一般地,电调损坏需要检查的部位有以下几个,BEC(电池电源系统),单片机的供电系统,MOS(半导体场效应管)的前级推动系统,末级 MOS 管。对于 PCB(印制电路板)已经烧焦的,建议报废。

6.4.1　MOS 损坏

电调损坏,最常见的原因是 MOS 烧坏,所以第一步就应该检查并更换损坏的 MOS,建议但不是一定要更换同一批次的,当然同一批次的一致性会更好。若 MOS 被烧坏,只有先修复

MOS 驱动部分,才可以继续维修其他部分。有的电调被烧后,明显可以看到 MOS 烧坏的痕迹,有的却不明显,甚至看不出来。如图 6-7 所示,最好的方法是用热风拆焊台把全部 MOS 拆下来,逐个检查好坏,在线检测有时不一定能反映出各 MOS 管的状况。也可以用功率比较大的烙铁拆卸,但这样比较麻烦。在线检测 MOS 管的话一定要把马达去除,否则测到的是马达线圈的电阻。

图 6-7　检查烧坏的 MOS 管

一般条件下 MOS 的检测可以用以下方法。

对于 N 沟道 MOS SO-8 封装的,1-3 脚 S 是并联的,4 脚 G 是信号,7-8 脚 D 是并联的,万用表在二极管挡,黑表棒接 7-8 任意脚,红表棒接 1-3 任意脚,应该有 500～600(各种型号略有差异)的正向导通压降,如果反过来红表接 7-8,黑表接 1-3,则显示无穷大,为不导通。这种检测方法和检测二极管是一样的,接下来黑表棒不变,红表棒接 4 脚,相当于给 MOS 一个触发信号,这时 MOS 就应该导通,再把红表棒接到 1-3 脚的任意脚,这时的导通压降应该是 0 了,也就是说 MOS 导通了。反过来,如果这时候把红表棒接 7-8 脚,黑表棒接 4 脚,则 MOS 应该关闭,1-3 脚与 7-8 脚之间又会回到 500～600 的正向压降,这样的 MOS 就是好的。一般检测烧坏的 MOS 的时候,7-8 脚与 4 脚表现为导通,而实际应该是不导通的,只要 7-8 脚与 4 脚导通,这个 MOS 就一定是坏的。

所有 N 沟道的 MOS 都是可以这样检测的,如果对脚位不了解,可以上 Alldatasheet(全球电子元器件数据手册库)查找您的 MOS 型号。不同型号的 MOS 如图 6-8 所示。P 沟道的检测与 N 的相反,如未买到相应电流的,可用更多大额定电流的代替。注意,焊接 MOS 管应防止静电。

图 6-8　MOS 不同型号

SO-8(贴片 8 脚)封装 MOS 管 IRF7805Z 如图 6-9 所示。飞盈佳乐选用进口的 MOS 管,以保证产品品质及性能,其引脚图如图 6-10 所示,有小圆点的为 1 脚。

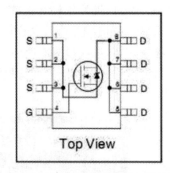

图 6 - 9 SO - 8 封装的 MOS 管　　　　图 6 - 10 飞盈乐选用的 MOS 管引脚图

常用电调里各型 MOS 管参数对照表见表 6 - 2。

表 6 - 2 MOS 管参数

封装形式	极　性	型　号	电流/A	耐压/V	导通电阻/mΩ
直插	N 型	IRF3703	210	30	2.3
直插	N 型	IRL3803	140	30	6
直插	N 型	IRF1405	131	55	5.3
直插	N 型	IRF3205	110	55	8
贴片 TO - 252	N 型	FDD6688	84	30	5
直插	N 型	BUZ111S	80	55	8
直插	N 型	5N05	75	50	9.5
直插	N 型	IRF2804	75	40	2
直插	N 型	60N06	60	60	14
铁壳非直插	N 型	IRF150	40	100	55
直插	N 型	50N03L	28	25	21
贴片	N 型	SI4336	22	30	4.2
贴片	N 型	IRF7831	21	30	3.6
贴片	N 型	IRF7832	20	30	4
直插	N 型	BTS120	19	100	100
贴片	N 型	IRF7822	18	30	
贴片	N 型	IRF7836	17	30	5.7
贴片	N 型	IRF8113	17	30	5.6
贴片	N 型	SI4404	17	30	8
贴片	N 型	FDS6688	16	30	6
贴片	N 型	IRF7805Z	16	30	6.8
贴片	N 型	IRF7831	16	30	4
贴片	N 型	IRF7477	14	30	8.5
贴片	N 型	IRF8721	14	30	8.5

封装形式	极　性	型　号	电流/A	耐压/V	导通电阻/mΩ
贴片	N 型	IRF7805	13	30	
贴片	N 型	IRF7805Q	13	30	11
贴片	N 型	IRF7413	12	30	18
贴片	N 型	TPC8003	12	30	6
贴片	N 型	IRF7477	11	30	20
贴片	N 型	IRF7811	11	30	12
直插	N 型	BTS110	10	100	200
贴片	N 型	IRF7466	10	30	15
贴片	N 型	SI4410	10	30	14
贴片	N 型	SI4420	10	30	10
贴片	N 型	A2700	9	30	7.3
贴片	N 型	IRF7807	8.3	30	
贴片	N 型	SI4812	7.3	30	28
贴片	N 型	SI9410	6.9	30	50
贴片	N 型	IRF7313	6	30	29
直插	N 型	6N60	5.5	600	750
贴片	P 型	SI4405	17	30	7.5
贴片	P 型	STM4439A	14	30	18
贴片	P 型	FDS6679	13	30	9
贴片	P 型	SI4411	13	30	8
贴片	P 型	SI4463	12.3	20	16
贴片	P 型	SI4407	12	30	
贴片	P 型	IRF7424	11	30	13.5
贴片	P 型	IRF7416	10	30	20
贴片	P 型	IRF7416Q	10	30	20
贴片	P 型	SI4425	9	30	19
贴片	P 型	IRF7424	8.8	30	22
贴片	P 型	SI4435	8	30	20
贴片	P 型	SI4435DY	8	30	20
贴片	P 型	A2716	7	30	11.3
贴片	P 型	IRF7406	5.8	30	45
贴片	P 型	SI9435	5.3	30	50
贴片	P 型	IRF7205	4.6	30	70
贴片	N 型	TPC8003	30	12	6

6.4.2　上电检修

(1)接好电机。这里讲的电机可以是普通的小功率电机,比如2208之类的,最好不要直接将电机接上,以免因为电调工作不正常而烧毁电机。虽然种情况不常见,不过还是谨慎点的好。

(2)电调上电。检查电调是否自检,如果自检,说明至少单片机没有损坏,单片机供电正常,升压芯片正常,半桥至少有2PS是可以工作的,一般单片机是不会损坏的(进水后的也发现过有丢失程序的现象)。

(3)启动电机。缓慢推动油门摇杆,电机应该顺利而平滑的启动运转直到最高速,如果这时候发现启动不顺,有一卡一卡或者停顿的现象,说明MOS被烧,请立即断电,在确保之前换的MOS是完好的情况下,出现这样的问题,那就说明MOS的推动部分有问题,也就是半桥芯片或者推动三极管有问题。

6.4.3　MOS 的推动维修

MOS推动部分有问题的表现为以下几点:

(1)单片机供电不正常。

(2)单片机损坏。

(3)升压芯片或者半桥驱动损坏。

(4)BEC损坏。

自检声音是由电机发出的,电机由MOS管驱动,MOS管需要依靠半桥或者前级三极管推动,而半桥或者推动三极管信号来自于单片机,所以以上任何一个环节有问题,都不会自检。如果BEC损坏,由于接收是由BEC供电,电调会认为没有收到接收机信号,同样不会自检或者自检后中断工作。此时,应该做的工作为:

(1)检测单片机的工作电压,现在电调单片机的供电方式一般是用线性稳压器,最常见的是TO-252封装的7805或者89封装的HT芯片或者是SO-8封装的7805。不同型号的芯片一般电压不同,电压一般是3.3 V,3.6 V或者5 V。如果单片机是MEGA8,那么MEGA8的4脚和6脚是并联接电源正极,如果供电芯片是7805,那么4脚和6脚对地电压应该是5 V,如果供电芯片是HT-7136,那就应该是3.6 V。

(2)在确定单片机供电正常的情况下,电调还不自检,此时应该检查升压芯片,对于半桥推动方式,因为栅极需要10 V以上电压,所以一般有专门的升压电路,如ST662、MAX662等,是将BEC的5 V升到10~12 V,如果这个芯片损坏,那么半桥将不工作,即使MOS什么都是好的,电机也是不工作的。还有就是即使BEC芯片什么都是好的,如果这个芯片内部短路,有时也会导致BEC输出不正常或无输出。这个芯片如果损坏,检修的时候也要注意检查一下它的12 V输出滤波电容,笔者曾经遇到过钽电容失效的情况。

(3)上电,测升压芯片的输出电压,升压芯片一般用的是662,高挡的电调,尤其是高压版的有的是用DC-DC芯片。662的第5脚是5V输入,第6脚应该有10~12 V的电压输出。如果电压正常电调却不自检,那么半桥就有损坏,检查并替换之,如果电压不正常,那么升压芯片损坏,但半桥也可能有损坏,因为这个芯片是给半桥供电的(进水后的电调可能有例外)。

说明:MOS 的推动方式有两种:半桥或者普通三极管。现在电调上所使用的半桥一般都是 IR 的,如 IR2103S,IR2101,IR2304,等等,电流大点的,如 ISL6700 等,这些都是单路半桥,还有 3 片半桥,驱动 3 路 MOS,每路 MOS 又分上臂和下臂,半桥在业余条件下,最简单快速的维修方法,就是用相同型号的半桥芯片逐一替换,直到正常。

6.4.4　BEC 的检修

电调的 BEC 有两种工作方式,即开关方式和线性降压方式,那么如何区分这两种方式呢?最直观的就是开关方式的电调一定会有一个电感,而一般几个 7805 或者 LM317 之类的三端稳压器并联的,就是线性降压方式。

开关方式的 BEC 如果不正常,一般是因为 DC - DC 芯片损坏,续流二极管损坏,电感过流烧坏(不常见)。一般 DC - DC 芯片如果因为过流损坏,那么续流二极管一般也会损坏,现在的内置 BEC 一般都是 3 A 的,所以只要购买 3 A 的肖特基二极管更换就可以了,比如 SA34 和 SX34,都是 3 A/40 V 的,更换肖特基二极管后,若还是不正常或又将肖特基管烧掉,请更换 DC - DC 芯片。

有很多厂家是把 DC - DC 芯片的型号擦除,根据笔者的经验发现,好盈牌的 GUARD 用的 DC - DC 芯片型号是 AX3102,新版 PENTIUN 用的是 MP1593DN,中特威用的是 LM3485MMX 外接 PMOS 扩流。

线性方式的 BEC 如果损坏,应单独检查并联的几个 7805 三端稳压器,有损坏的更换同一厂家的或者全部更换,修复后顺便检查 BEC 的滤波电容,更换的 TO - 252 封装的 7805 一定要选用 1A 的,KIA 标的是 78D05F,其他厂家标的是 7805,如果标的是 78L05,则是 100 mA 的,如果是 78M05,则是 500 mA 的,电流不足。

若上电后发现 MOS 直接被烧,这是由于半桥损坏导致的,请重新检修好 MOS 板后更换半桥。有的是由于单片机的问题导致的,但是这种情况比较少。

在检修 MOS 的时候,一般现在都是几个 MOS 并联扩流的,为了减少损失,一般并联部分的 MOS 先只安装一个,这样要烧的话也只烧一个,等确认修好了,再把其他的 MOS 全部装上去。另外 PCB 一定要完好,如果 PCB 内部断线,会很麻烦。从目前的维修经验来看,PCB 断线的情况也时有发生,有的一眼就能看出来,有的是内部断路,表面却一点也看不出来,这种情况 XXD 电调发生得比较多,而且是小电流的前级板。在维修凤凰牌电调时,合板后,请尤其注意板对板连接器的接触是否良好。

6.5　项 目 实 操

这里主要参考的是德国 MicroKopter 项目 V1.1 版本和飞翼公司的电调电路,完整的电路原理图如图 6 - 11 和图 6 - 12 所示,图 6 - 13 还给出了一个商业电调的电路(凤凰 25A 电调),虽然主控芯片一个用的是 MEGA8,一个用的是 C8051F,但通过比较外围功能电路可以看出,这两者还是很相似的。下面我们将分模块地分析其外围功能电路。

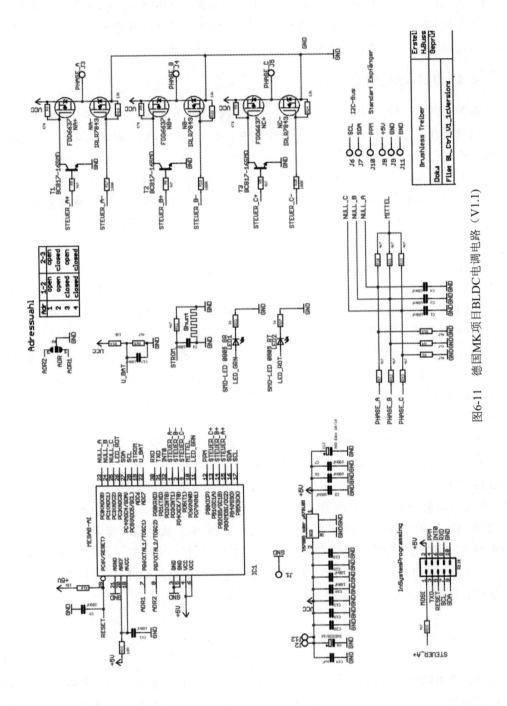

图6-11 德国MK项目BLDC电调电路 (V1.1)

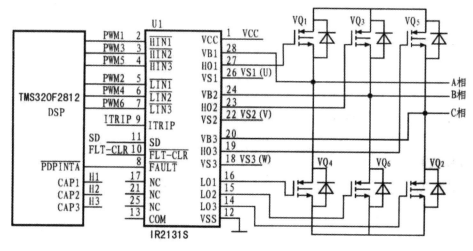

图 6 - 12　飞翼公司电调的电调电路

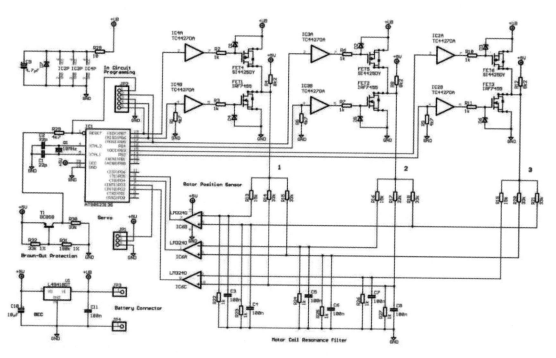

图 6 - 13　凤凰 25A 电调电路

6.5.1　电池电压监测电路

如图 6 - 14 所示是一个电阻分压网络,用作电池电压监测电路,其中 VCC 接电源锂电池的正极,GND 接电源锂电池负极,U_BAT 接 MEGA8 的 ADC7 通道,电容 C17 用来消除电源中一些高频波纹的影响。一节标准锂电池的电压为 3.7 V,一般航模用锂电池都是三节串联,也就是 11.1 V。若电池即将用尽,VCC 会下降,相应的 U_BAT 测得的电压也会下降。

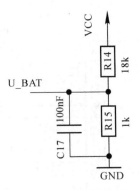

图 6-14　电阻分压网络

6.5.2　换相控制电路

换相控制电路主要由 6 个功率场效应管和一些外围电阻和三极管构成,虽然原理不复杂,但涉及相关知识还是蛮多的,所以要分几个部分来讲。

1. 六臂全桥驱动电路原理

为了清楚地说明问题,我们先将原图作一些简化,如图 6-15 所示。

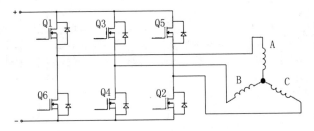

图 6-15　六臂全桥式驱动电路

Q1 到 Q6 为功率场效应管,当需要 AB 相导通时,只需要打开 Q1,Q4 管,而使其他管保持断开。此时,电流的流经途径为:正极→Q1→线圈 A→绕组 B→Q4→负极。这样,六种相位导通模式:AB,AC,BC,BA,CA,CB 分别对应的场效应管的打开顺序为 Q1Q4,Q1Q2,Q3Q2,Q3Q6,Q5Q6,Q5Q4。

在前文曾经提到,无刷直流电机的调速是用 PWM 波形的占空比来调节的,图 6-15 采用的是 H_PWM-L_ON 方式来驱动的,也就是上臂采用 PWM 信号控制,而下臂常开的一种驱动方式。比如在 AB 相导通时,单片机给 Q1 的栅极是 PWM 信号,而给 Q4 的栅极是常开信号,这样就可以通过控制 Q1 输入端的 PWM 信号占空比来控制驱动电机的有效电压。此时 A 端和 B 端的电压波形如图 6-16 中的圆圈所示。A 相的电压是可以突变的,但是由于电感的作用,流经 AB 线圈的电流是不能突变的。这就造成线圈由于自身电感的作用产生极高的瞬时反电动势而击穿元器件。所以这时二极管的作用就能体现出来,在 PWM 信号的低电平期间,电流是按照图 6-17 所示的箭头路径续流的。由于负极端电位强制为零,二极管有一个正向压降,A 点的电压就可以在瞬间降到比零略小的值,与图 6-17 的实验结果相吻合。

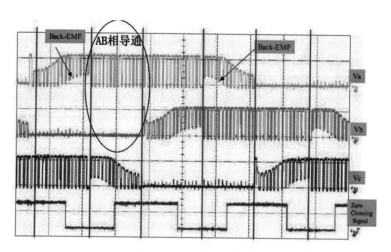

图 6 - 16　各相电压波形

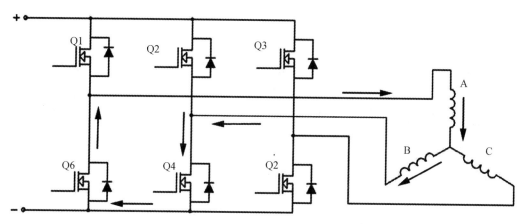

图 6 - 17　AB 相续流期间电流方向

A 点的电位忽上忽下,这会导致 ABC 线圈的中点电位也忽上忽下(中点电位总是等于 A 点和 B 点电位的平均值)。现在来看看这样会对采样 C 点的反电动势有什么影响。当 PWM 处于高电平期间,A 点的电压值接近 12 V,中点的电压值接近 6 V,根据前文的分析,C 线圈产生的感生电动势叠加在中点上,会在 C 点产生接近于 12 V 的电压值。然后 PWM 进入低电平期间,A 点电位迅速降到略小于零,中点电位也会迅速降到略小于零,这时 C 线圈的感生电动势就会以零为基点往上叠加,此时 C 点的电压就略小于 6 V,这个也可以在图 6 - 16 中得到验证。虽然 C 点电压向下穿越了 6 V,但是回忆一下比较器的结构,由于中点电压和 C 点电压同时降低和升高,所以不管中点电位如何变化,只要 C 线圈本身的感生电动势不过零,比较器输出就不会产生跳变。有人也许会问,这个悬浮的中点电压是怎么测得的呢,又不能从中点引根线出来? 其实这是一个很巧妙的设计,将分压电路根据 A 点和 B 点的电压值估计出来的,这个在“6.5.4 反电势过零检测电路”一节详细讲解。

随着转子继续旋转,C 线圈的感生电动势终将由正变负,而被比较器感知到。至于图 6 - 16 的波形中为什么没有 C 电压为负值的点,原因是 C 端电压如果太低,Q2 的二极管就会导通,而将 C 端电位钳制在 -1 V 左右。

2. 功率场效应管的选择

(1)N 型和 P 型 MOSFET。图 6-18 所示电路图对于理解换相原理来说,是可以用的,但在实际的电路中,是不能用的。这一问题的关键在于 N 型场效应管的门限开启电压 U_{GS}。先来复习一下场效应管的基本知识,图 6-19(a)是一个 N 沟道型场效应管,图 6-19(b)是一个 P 沟道型场效应管。N 沟道场效应管有点类似于 NPN 三极管,只要栅源极间加一个正向电压,并且其值超过数据手册上的 U_{GS} 阈值电压,场效应管的 D 极和 S 极就会导通。一般 N 型功率型场效应管的 U_{GS} 阈值电压都会在 3~20 V 之间。

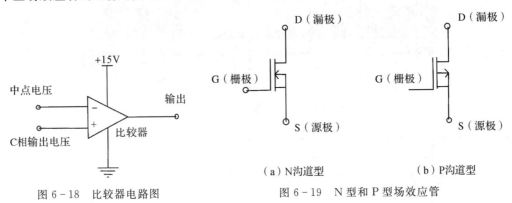

图 6-18　比较器电路图　　　　图 6-19　N 型和 P 型场效应管

现假设 AB 相通电,如图 6-20 所示,Q1 和 Q4 管导通。一般场效应管的导通电阻 R_{DS} 都在毫欧级,所以可近似忽略场效应管的压降 U_{DS}。这样,A 点的电压就近似为 12 V,B 点的电压近似为 0 V。为了要导通 Q4,Q4 的栅极电压必须大于 3 V,这个靠单片机的 I/O 输出是可以办到的。但如果要导通 Q1,则在 Q1 的栅极必须至少加载 12 V+3 V=15 V 的电压,这个已经超过了电源电压,纯靠单片机加三极管的电路是办不到的。

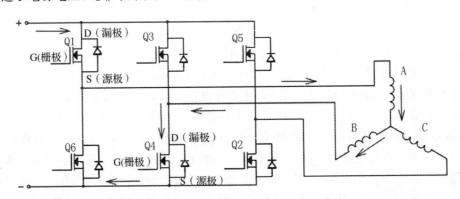

图 6-20　AB 相导通时情形

上述问题的解决方法有两个:一是采用自举升压电路,其采用 6 个 N 型场效应管,并配以自举升压电路,可为上臂的驱动管 Q1 的栅极提供(2×11)V=22 V 的电压,足以导通 Q1。

另一种方法就是采用 3 个 N 型场效应管和 3 个 P 型场效应管,这样可避开驱动电压的问题,这也是德国 MK 项目电调采用的方案。P 型场效应管类似于 PNP 三极管[见图 6-19(b)],只要栅极电压小于源极电压(U_{GS} 为负值),并且其值小于某一负的阈值电压,场效应管的 S 极和 D 极就会导通,电流从 S 极流向 D 极。一般 P 型功率型场效应管的 U_{GS} 阈值电压都

在 $-20\sim-3$ V 之间。

　　下面来分析图 6-21,这是德国 MK 电调的换相驱动电路部分,下臂用的是 IRLR7843 的 N 型 MOSFET,如果在 STEUER_A 一端加载 5 V 的栅极电压,场效应管 NA-就会导通,所以这个端口可以直接用单片机的 I/O 口驱动。上臂用的是 FDD6637 的 P 型 MOSFET,当 STEUER_A+端给出高电平时,三极管导通,FDD6637 的栅极被拉低,这样在 FDD6637 的栅源极之间就会形成一个负电压,而导致场效应管 NA+导通。图中 P 管的外围电阻 R2,R3 和 N 管的外围电阻 R16,R17 都是有作用的。

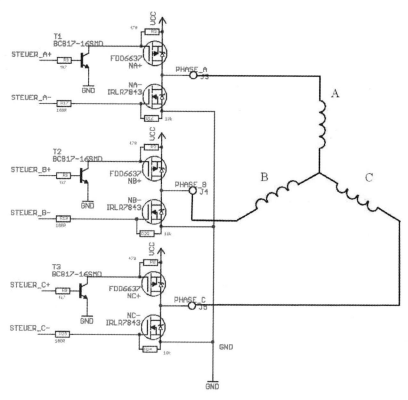

图 6-21　换相控制电路

　　(2)MOSFET 的选型。关于功率场效应管的选型。在 MK 项目的电调电路 V1.1 版本中,用的是 Fairchile 公司的 FDD6637(P 管)和 IR 公司的 IRLR7843(N 管);而在 V1.2 版本的电路中,都换成了 IR 公司的 IRFR5305(P 管)和 IRFR1205(N 管)。N 管和 P 管到底有什么不同? 后文我们将比较一下两者的区别。

　　1)额定参数(Absolute Maximum Ratings)。N 管参数见表 6-3。

表 6-3　N 管参数

参数名称	符　号	IRLR7843（N 管）	IRFR1205（N 管）
漏源极击穿电压	U_{DS} 或 $U_{(BR)DSS}$	30 V	55 V
栅源极击穿电压	U_{GS}	±20 V	±20 V
通态漏极电流	$I_D @ T_C=25\ ℃$	161 A	44 A
漏极峰值电流	I_{DM}	620 A	160 A

续表

参数名称	符号	IRLR7843(N 管)	IRFR1205(N 管)
漏源极雪崩击穿电流	I_{AR}	12 A	25 A
总功耗	$P_D@T_C=25\ ℃$	140 W	107 W
额定结温和储存温度	T_J,T_{STG}	$-55\sim+175\ ℃$	$-55\sim+175\ ℃$

注:@表示在条件下。即 ID 在 $T=25℃$ 条件下。

P 管参数见表 6 - 4。

表 6 - 4　P 管参数

参数名称	符号	FDD6637(P 管)	IRFR5305(P 管)
漏源极击穿电压	U_{DS} 或 $U_{(BR)DSS}$	-35 V	-55 V
栅源极击穿电压	U_{GS}	±25 V	±20 V
通态漏极电流	$I_D@T_C=25\ ℃$	-55 A	-31 A
漏极峰值电流	I_{DM}	-100 A	-110 A
漏源极雪崩击穿电流	I_{AR}	-14 A	-16 A
总功耗	$P_D@T_C=25\ ℃$	57 W	110 W
额定结温和储存温度	T_J,T_{STG}	$-55\sim+175\ ℃$	$-55\sim+175\ ℃$

注:@表示在条件下。即 ID 在 $T=25℃$ 条件下。

选择功率型场效应管首先要考虑参数漏源极的额定电压 U_{DS} 和额定电流 I_D。从表 6 - 3 和表 6 - 4 中可以看出,V1.2 版 MOSFET 的漏源极耐压性普遍要好于 V1.1 版本,但电流特性稍微弱了一点。而且上表中给出的漏源极电流,只是特定实验条件下的参考值,真正的漏源极额定电流还和栅源极电压 U_{GS} 有关。图 6 - 22 所示为 IRFR1205 的 U_{GS}-I_D 曲线,称为转移特性,它表示了 MOSFET 的放大能力,用跨导表示。跨导 G_{FS} 定义为: $G_{FS}=\Delta I_D/\Delta U_{GS}$,单位为 S(西门子),它表明了转移特性的斜率。由图 6 - 22 可以看出,当栅极电压为 5 V 时,允许的导通电流仅为 25 A 左右,对四轴的电机来说是足够了。而且较小的允许 I_D 一定程度上能保护电流不至于过大。

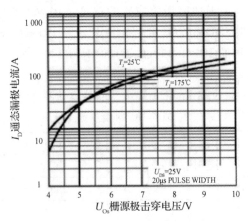

图 6 - 22　IRFR1205 的转移特性

还有一个比较重要的参数就是开启阈值电压 U_{GS},这个参数在表 6-3 和表 6-4 中可以查得。

2)热传导特性。N 管和 P 管热传导特性比较见表 6-5 和表 6-6。

表 6-5　N 管热传导特性

参数名称	符　号	IRLR7843(N 管)	IRFR1205(N 管)
结-壳热阻	$R_{\theta JC}$	1.05 ℃/W	1.4 ℃/W
结-空气环境热阻(PCB 贴片散热)	$R_{\theta JA}$	50 ℃/W	50 ℃/W
结-空气环境热阻	$R_{\theta JA}$	110 ℃/W	110 ℃/W

表 6-6　P 管热传导特性

参数名称	符　号	FDD6637(P 管)	IRFR5305(P 管)
结-壳热阻	$R_{\theta JC}$	2.2 ℃/W	1.4 ℃/W
结-空气环境热阻(PCB 贴片散热)	$R_{\theta JA}$	40 ℃/W	50 ℃/W
结-空气环境热阻	$R_{\theta JA}$	96 ℃/W	110 ℃/W

热阻简单地说就是导热性能。有一个形象的比喻:热阻就像是电阻,热流就像是电流,温度就好比是电压。结温(Junction temp)即半导体的核心温度。一般来说,结-壳热阻是给定的,结-壳热阻也是给定的,可以通过在空气和金属壳之间并联一个较小的热阻(即散热器)来降低温差。从表(6-5 和表 6-6 中)也可以看到,第二行通过 PCB 散热后的热阻要明显小于第三行。

3)电气特性。N 管和 P 管电气特性的比较见表 6-7 和表 6-8。

表 6-7　N 管电气特性

参数名称	符　号	IRLR7843(N 管)		IRFR1205(N 管)	
		测试条件	典型值	测试条件	典型值
零栅极电压下的漏极漏电流	I_{DSS}	$U_{DS}=24$ V $U_{GS}=0$ V	1 μA	$U_{DS}=55$ V $U_{GS}=0$ V	25 μA
栅极至源极漏电流	I_{GSS}	$U_{GS}=\pm25$ V $U_{DS}=0$ V	±100 nA	$U_{GS}=\pm20$ V $U_{DS}=0$ V	±100 nA

参数名称	符　号	IRLR7843（N 管）		IRFR1205（N 管）	
		测试条件	典型值	测试条件	典型值
栅极开启阈值电压	$U_{GS(rh)}$	$U_{DS}=U_{GS}$ $I_D=-250\ \mu A$	1.5～2.3 V	$U_{DS}=U_{GS}$ $I_D=-250\ \mu A$	2～4 V
静态漏源极电阻	$R_{DS(ON)}$	$U_{GS}=10$ V $I_D=15$ A	2.6 mΩ	$U_{GS}=10$ V $I_D=26$ A	27 mΩ
U_{GS} 与 I_D 正向跨导	g_{FS}	$V_{GS}=15$ V $I_D=12$ A	37 S	$V_{GS}=25$ V $I_D=25$ A	17 S

表 6-8　P 管电气特性

参数名称	符　号	FDD6637（P 管）		IRFR5305（P 管）	
		测试条件	典型值	测试条件	典型值
零栅极电压下的漏极漏电流	I_{DSS}	$U_{DS}=-28$ V $U_{GS}=0$ V	$-1\ \mu A$	$U_{DS}=-28$ V $U_{GS}=0$ V	$-25\ \mu A$
栅极至源极漏电流	I_{GSS}	$U_{GS}=\pm25$ V $U_{DS}=0$ V	±100 nA	$U_{GS}=\pm20$ V $U_{DS}=0$ V	±100 nA
栅极开启阈值电压	$U_{GS(rh)}$	$U_{DS}=U_{GS}$ $I_D=-250\ \mu A$	$-1～-3$ V	$U_{DS}=U_{GS}$ $I_D=-250\ \mu A$	$-2～-4$ V
静态漏源极电阻	$R_{DS(ON)}$	$U_{GS}=-10$ V $I_D=-14$ A	9.7 mΩ	$U_{GS}=-10$ V $I_D=-16$ A	65 mΩ
U_{GS} 与 I_D 正向跨导	g_{FS}	$U_{GS}=-5$ V $I_D=-14$ A	35 S	$U_{GS}=-25$ V $I_D=-16$ A	8 S

　　从表 6-9 和表 6-10 中可以看到，V1.2 版本的电路导通时漏源极电阻要明显大于 V1.1 版本，可能会在栅源极导通大电流时产生更多的热量（$P=I^2R$），并且吃掉更多的压降。另外，V1.2 版本的正向跨导也要明显低于 V1.1 版本，这个也印证了我们前面关于"V1.2 版本的电流能力稍弱"的判断。

　　4）动态特性。关于这三个电容的位置和关系，如图 6-23 所示。半导体电路设计中一个很麻烦的问题就是无处不在的小电容，这些电容在低频的应用中不存在什么问题，但在高频电路中，就成为影响电路性能的主要杀手。从表 6-9 和表 6-10 中的数值可以看出，一般，密勒（Miller）效应使栅源极电容增大了许多倍，成为影响放大器带宽的主要因素。由于这几个电容的存在，MOSFET 的外围驱动电路不得不增加一些电阻，以消除它们的影响。

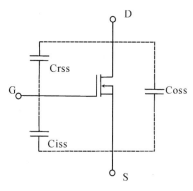

图 6-23　MOSFET 的极间电容

表 6-9　N 管比较

参数名称	符 号	IRLR7843(N 管)		IRFR1205(N 管)	
		测试条件	典型值	测试条件	典型值
输入电容	C_{iss}	$U_{DS}=15\ V$	4 380 pF	$U_{DS}=25\ V$	1 300 pF
反向传输电容	C_{rss}	$U_{GS}=0\ V$	940 pF	$U_{GS}=0\ V$	410 pF
输出电容	C_{oss}	$f=1.0\ MHz$	430 pF	$f=1.0\ MHz$	150 pF

表 6-10　P 管比较

参数名称	符 号	FDD6637(P 管)		IRFR5305(P 管)	
		测试条件	典型值	测试条件	典型值
输入电容	C_{iss}	$U_{DS}=-20\ V$	2 370 pF	$U_{DS}=-25\ V$	1 200 pF
反向传输电容	C_{rss}	$U_{GS}=0\ V$	470 pF	$U_{GS}=0\ V$	520 pF
输出电容	C_{oss}	$f=1.0\ MHz$	250 pF	$f=1.0\ MHz$	250 pF

从表 6-9 和表 6-10 的比较可以看出,V1.2 版本的极间电容的综合情况要明显好于 V1.1 版本,故动态特性也会优于 V1.1 版本,这可能是其换型的主要原因。

5)开关特性。N 管和 P 管开关特性的比较见表 6-11 和表 6-12。

表 6-11　N 管开关特性

参数名称	符 号	IRLR7843(N 管)		IRFR1205(N 管)	
		测试条件	典型值	测试条件	典型值
开通延迟时间	$t_{D(on)}$	$U_{DD}=15\ V$	25 ns	$U_{DD}=28\ V$	7.3 ns
上升时间	t_r	$I_D=12\ A$	42 ns	$I_D=25\ A$	69 ns
关断延迟时间	$t_{D(off)}$	$U_{GS}=4.5\ V$	34 ns	$U_{GS}=5\ V$	47 ns
下降时间	t_F	$R_G=0\ \Omega$	19 ns	$R_G=12\ \Omega$	60 ns
总栅极充电量	Q_G	$I_D=12\ A$	34 nC	$I_D=25\ A$	65 nC
栅源极充电量	Q_{GS}	$U_{DS}=15\ V$	9.1 nC	$U_{DS}=44\ V$	12 nC
栅漏极(Miller 效应)充电量	Q_{GD}	$U_{GS}=4.5\ V$	12 nC	$U_{GS}=10\ V$	27 nC

表 6 - 12 P 管开关特性

参数名称	符　号	FDD6637(P 管)		IRFR5305(P 管)	
		测试条件	典型值	测试条件	典型值
开通延迟时间	$t_{D(on)}$	$U_{DD}=-20\ V$	18 ns	$U_{DD}=-28\ V$	14 ns
上升时间	t_r	$I_D=-1\ A$	10 ns	$I_D=-16\ A$	66 ns
关断延迟时间	$t_{D(off)}$	$U_{GS}=-10\ V$	62 ns	$U_{GS}=-10\ V$	39 ns
下降时间	t_F	$R_G=6\ \Omega$	36 ns	$R_G=6.8\ \Omega$	63 ns
总栅极充电量	Q_G	$I_D=-14\ A$	45 nC	$I_D=-16\ A$	63 nC
栅源极充电量	Q_{GS}	$U_{DS}=-20\ V$	7 nC	$U_{DS}=-44\ V$	13 nC
栅漏极(Miller 效应)充电量	Q_{GD}	$U_{GS}=-10\ V$	10 nC	$U_{GS}=-10\ V$	29 nC

先来看看时间参数,图 6 - 24 显示了四个时间参数之间的关系。以 P 管为例,一般从 U_{GS} 开始转化到 U_{DS} 变化有一定的延迟,而且方向相反。所以 $t_{D(on)}$ 定义为:从 U_{GS} 上升到 10%,U_{DS} 下降到 90% 的延迟。而上升时间 t_r 则定义为:U_{DS} 从 90% 下降到 10% 所用的时间。开通时间 t_{on} 即为延迟时间 $t_{D(on)}$ 与上升时间 t_r 之和。后面的关断时间 t_{off} 的定义也类似(注意一下 FDD6637 的 t_r 的测试条件,I_D 只有 1 A)。

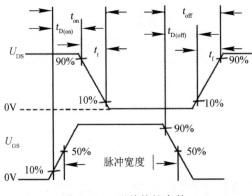

图 6 - 24 开关特性参数

再来看看参数"总栅极充电量 Q_G"的作用,Q_G 的单位是 C(库仑),可结合图 6 - 24 和图 6 - 25 一起理解。当 MOSFET 开通时,由于有栅源极电容 C_{iss} 的存在,在其充电到阈值电压 $U_{GS(th)}$ 以前,I_D 和 U_{DS} 都基本不变,这段时间就是上面所说的开通延迟时间 $t_{D(on)}$。

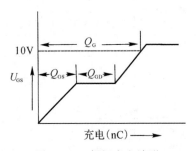

图 6 - 25 栅极充电波形

当 U_{GS} 上升到开启阈值电压 $U_{GS(th)}$ 时，I_D 才明显上升，同时 U_{DS} 下降，进入上升时间。在上升时间里，由于 U_{DS} 下降，使栅极电流向漏极与栅极之间的"传输反向电容 C_{rss}"（C_{rss} 先反向放电然后再充电），在这段时间内栅极电流基本不给 C_{iss} 充电，所以在 U_{GS} 曲线上出现一个平台，这段时间内 U_{DS} 持续下降，而 U_{GS} 基本保持不变，这就是上升时间 t_r。等到 t_r 之后，栅极电流才继续向 C_{iss} 充电，最后 U_{GS} 才上升到最高。

Q_G 对于计算场效应管的耗热和栅极尖峰充值电流也是相当重要的一个参数，对于更大功率的场效应管的应用来说（电动车等），是一个不得不考虑的问题。

6）二极管特性。N 二极管和 P 二极管特性见表 6 - 13 和表 6 - 14。

表 6 - 13　N 二极管特性

参数名称	符　号	IRLR7843(N 管)		IRFR1205(N 管)	
		测试条件	典型值	测试条件	典型值
二极管正向压降	U_{SD}	$U_{GS}=0$ V	1.0 V	$U_{GS}=0$ V	1.3 V
		$I_S=12$ A		$I_S=22$ A	
二极管反向恢复时间	t_{rr}	$I_F=12$ A	39 ns	$I_F=25$ A	65 ns
二极管反向充电量	Q_{rr}	$dI/dt=100$ A/us	36 nC	$dI/dt=100$ A/us	160 nC

表 6 - 14　P 二极管特性

参数名称	符　号	FDD6637(P 管)		IRFR5305(P 管)	
		测试条件	典型值	测试条件	典型值
二极管正向压降	U_{SD}	$U_{GS}=0$ V	-0.8 V	$U_{GS}=0$ V	-1.3 V
		$I_S=-14$ A		$I_S=-16$ A	
二极管反向恢复时间	t_{rr}	$I_F=-14$ A	28 ns	$I_F=-16$ A	71 ns
二极管反向充电量	Q_{rr}	$dI/dt=100$ A/us	15 nC	$dI/dt=100$ A/us	170 nC

这些功率型场效应管的应用中，需要在漏源极之间并一个二极管，厂家已经很贴心地在芯片中把二极管集成进去了，并且是稳压二极管，可以保护电流不至于因 U_{DS} 过大而击穿 MOSFET。

（3）外围电阻的作用。首先要明确一个概念，模拟电路不是软件编程，非 0 即 1，而是一个连续变化的过程。无论是电容上的电压还是电感上的电流，都不能突变，否则将产生灾难性的后果。上升沿、下降沿并不是越陡峭越好，有时候甚至在设计中故意添加一些电阻让上升、下降沿变得平缓以保护元器件。当然，如果能在确保安全的情况下，尽可能地提高上升、下降沿的频率的话，那么这个模拟电路就设计得相当完美了。

先来看图 6 - 26 中的 R17，它有三个作用，其一是防止振荡，其二是减小栅极充电峰值电流，其三是保护 NA-场效应管的 D-S 极不被击穿。首先，一般单片机的 I/O 输出口都会带点杂散电感，在电压突变的情况下可能和栅极电容形成 LC 振荡，当它们之间串上 R17 后，可增大阻尼而减小振荡效果。当栅极电压拉高时,首先会对栅极电容充电,充电峰值电流可大致计算为:$I=\dfrac{Q_{\mathrm{G}}}{t_{\mathrm{D(on)}}+t_{\mathrm{r}}}=\dfrac{65\ \mathrm{nC}}{(7.3+69)\,\mathrm{nS}}=0.85\ \mathrm{A}$,可见已经超过了单片机的 I/O 输出能力,串上 R17 后可放慢充电时间而减小栅极充电电流。其次,当栅极关断,NA-管的 D-S 极从导通状态变为截止状态时,漏源极电压会迅速增加,如果 dU_{DS}/dt 过大,就会击穿器件,所以添加 R17 可以让栅极电容慢慢放电,而不至于使器件击穿,添加 $100\ \Omega$ 电阻是比较通用的做法。

接下来看 R16,其作用是下拉型抗干扰电阻。当单片机刚上电时,I/O 口一般都处于高阻态,如果没有 R16,栅极电压就处于悬浮状态,可能意外使场效应管导通,R16 的选值范围没有特别的要求,笔者曾经用 $1.8\ \mathrm{k}\Omega$ 和 $180\ \mathrm{k}\Omega$ 都仿真过,看不出对输出波形有明显影响。

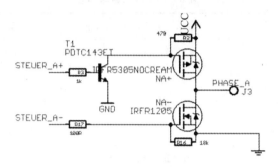

图 6-26　电阻的作用

再来看 R2,它的作用是上拉 NA+场效应管的栅极,其阻值不能太小,否则三极管导通时会承受过大的电流;同样,阻值也不能太大,太大会导致场效应管的栅极电压上升缓慢,而影响开关性能。关于这点再多说两句,如果阻值太大,这个时候影响场效应管开关速度的瓶颈不在于 MOSFET 的栅极电容,而是在三级管的 BC 极电容上。当 STEUER_A+从低电平变高电平后,VCC 首先会通过 R2 给三级管的 BC 极电容充电,如果 R2 太大会导致充电速度缓慢,从而导致 R2 两端电压变化缓慢,进而影响场效应管的栅源极电压上升速度。经实验发现:在三极管的 BC 极并了个钳位二极管,强制不给 BC 极电容充电,场效应管的上升下降沿都有明显的改善。

最后看 R3。R3 是三极管的基极电阻,只要确保三极管能正常工作在放大区就可以了。

6.5.3　电流检测电路

Shunt 在德语中是"分流"的意思,STROM 在德语中是"电流"的意思,其实在这里叫"分流"也不恰当,它在 PCB 板上 STROM 是一段蛇形走线,相当于一个阻值很小的电阻,如图 6-27 所示。经过 MOSFET 和电机的电流全都从它那里过,为便于理解,现分析电路 V1.2 版本的成品电调,如图 6-28 所示,其实是"总流",而不是分流。如果一定要将其以原理图的形式表现出来的话,如图 6-29 所示。

图 6-29 中,经过电机的总电流经过 Shunt 而流向 GND,尽管 Shunt 的阻值很小,但如果电流够大的话,应该会在 Shunt 的左端产生一个小的电压,经过 R11 和 C8 一阶低通滤波,最后接入单片机的 ADC6 通道。Shunt 的阻值根据导体的电阻率公式:$R=\rho l/S$(其中 ρ 是特定导体的电阻率,l 是导线长度,S 是导体截面积)计算。

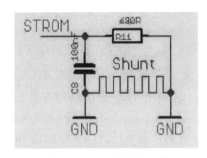

图 6-27　电流检测电路

图 6-28　电路 V1.2 版本的成品电调

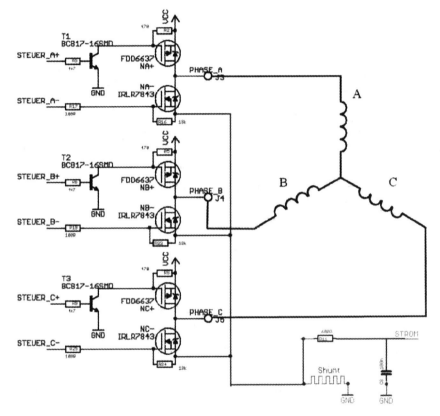

图 6-29　分流电路原理图

先来看 ρ，PCB 导线上一般敷的是铜，铜的电阻率查表可得为 $1.75\times10^{-8}\ \Omega\cdot\mathrm{m}$。再来看 l，蛇形走线不太好量，经大致测量一下，约为 $4.5\ \mathrm{cm}$，也就是 $4.5\times10^{-2}\ \mathrm{m}$。最后是横截面 S。S 为线宽乘以线高，一般 PCB 板上敷铜的厚度都是 $35\ \mu\mathrm{m}$，线宽大概为 $2\ \mathrm{mm}$，其阻值为

$$R=\frac{1.75\times10^{-8}\times4.5\times10^{-2}}{3.5\times10^{-5}\times2\times10^{-3}}\ \Omega=0.011\ \Omega$$

6.5.4　反电势过零检测电路

反电动势检测需要不停地比较中点电压和 A 相、B 相、C 相三个端点的电压，以截获每相感生电动势的过零事件。一般的无刷电机教材上都会给出三个比较器过零检测电路，其实，由于这三个过零事件产生的时间不同，如果能在比较器的输入端不断地切换这三个端点电压，那

只要复用一个比较器就可以了,而MEGA8自带的模拟比较器正好提供了复用功能。当复用功能启动时,模拟比较器的正向输入端为AIN0引脚,负向输入端可以根据ADMUX寄存器的配置而选择ADC0~ADC7中任意一个管脚。如图6-30所示,PHASE_A,PHASE_B,PHASE_C分别接电机的A,B,C线,经过一个分压网络后分别为NULL_A,NULL_B,NULL_C,再连接到单片机的ADC0,ADC1,ADC2引脚。而MITTEL为估测的变形后的中点电压,接单片机的AIN0引脚。只要在AB通电期间开通NULL_C和MITTEL的比较,AC通电期间开通NULL_B和MITTLE的比较,BC通电期间开通NULL_A和MITTLE的比较,就可以成功检测出各相的过零事件。

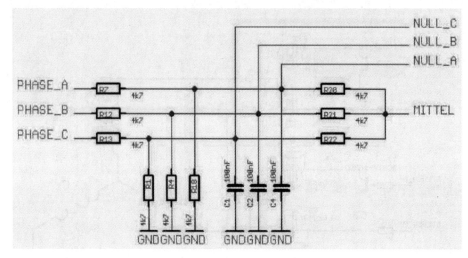

图6-30　反电势过零检测电路

6.6　本章小结

本章介绍了无刷直流电机的基本结构,涉及一些基本的概念(换相与调整)。重点讲解了无人机常用的外转子无刷电机的结构与工作原理,同时着重介绍了无人机电机的维修。本章主要讲的是基础内容,熟练掌握本章节内容,对掌握无刷电机控制器的控制原理及故障维修技术有很大的帮助。

6.7　课后习题

(1)市面上电机用的电调有哪几种?
(2)简述无刷电调的工作原理。
(3)简述MOS管在电调中的作用。
(4)电调的BEC工作方式有哪几种?
(5)简述电调常见的故障。

第7章 无人机电池的维修及维护

7.1 课前预习

📖 在书上找答案。

(1)锂电池的工作原理是什么？

(2)锂电池由哪些部分组成？

(3)锂电池如何达到我们需要的电压或电流？

(4)锂电池各部分的作用是什么？

(5)锂电池有哪些优点？

7.2 概　　述

随着便携式电子设备的大规模出现,电子设备所需要的能源设备也在日新月异地更替发展,电池作为其中最重要的能源设备,也出现了许许多多样式或功能的电池,它们正以多样化、智能化、微型化的趋势展现在大众面前。

锂离子电池作为电池家族中的新兴成员,它以价格便宜、实用性强、使用寿命长的特点占领了便携式电子产品的绝大部分市场,目前大多数多旋翼无人机使用的都是锂离子电池。

本章所讲内容:

(1)锂离子电池的发展过程;

(2)锂电池的应用范围;

(3)锂离子电池的工作原理;

(4)锂电池的制作工艺。

7.3 锂离子电池简介

7.3.1 简介

锂离子电池是一种充电电池,它主要依靠锂离子在正极和负极之间的移动来工作。在充放电过程中,Li^+在两个电极之间往返嵌入和脱嵌:充电时,Li^+从正极脱嵌,经过电解质嵌入负极,负极处于富锂状态;放电时则相反。一般采用含有锂元素的材料作为电极的电池,是现代高性能电池的代表。

锂系电池分为锂电池和锂离子电池。手机和笔记本电脑使用的都是锂离子电池,如图 7-1 所示,通常人们俗称其为锂电池,而真正的锂电池由于危险性大,很少应用于日常电子产品。

图 7-1 锂离子电池

锂离子电池容易与下面两种电池混淆:

(1)锂电池:以金属锂为负极。

(2)锂离子聚合物电池:用聚合物来凝胶化液态有机溶剂,或者直接用全固态聚合物电解质。

锂离子电池一般以石墨类碳材料为负极。

7.3.2 发展历史

1. 早期锂电池

锂离子电池(Li-ion Batteries)是由锂电池发展而来,所以在介绍 Li-ion 之前,先介绍锂电池。举例来讲,以前照相机里用的扣式电池就属于锂电池。锂电池的正极材料是二氧化锰或亚硫酰氯,负极是锂。电池组装完成后电池即有电压,不需充电。这种电池也可以充电,但循环性能不好,在充放电循环过程中容易形成锂结晶,造成电池内部短路,所以一般情况下这种电池是禁止充电的。

2. 碳材料锂电池(锂离子电池)

后来,日本索尼公司发明了以碳材料为负极,以含锂的化合物作为正极的锂电池,在充放电过程中,没有金属锂存在,只有锂离子,这就是锂离子电池。

3. 摇椅式电池

我们通常所说的电池容量指的就是放电容量。在 Li-ion 的充放电过程中,锂离子处于从正极→负极→正极的运动状态。Li-ion Batteries 就像一把摇椅,摇椅的两端为电池的两极,而锂离子就像人坐在摇椅上来回摇荡。所以 Li-ion Batteries 又叫摇椅式电池。

4. 发展时间点

20 世纪 70 年代埃克森的 M. S. Whittingham 采用硫化钛作为正极材料,金属锂作为负极材料,制成首个锂电池。

1982 年,伊利诺伊理工大学的 R. R. Agarwal 和 J. R. Selman 发现锂离子具有嵌入石墨的特性,此过程是快速的,并且可逆。与此同时,采用金属锂制成的锂电池,其安全隐患备受关注,因此人们尝试利用锂离子嵌入石墨的特性制作充电电池。首个可用的锂离子石墨电极由贝尔实验室试制成功。

1983 年,M. Thackeray,J. Goodenough 等人发现锰尖晶石是优良的正极材料,具有低价、稳定和优良的导电及导锂性能。其分解温度高,且氧化性远低于钴酸锂,即使出现短路、过充电,也能够避免燃烧、爆炸的危险。

1989 年,A. Manthiram 和 J. Goodenough 发现采用聚合阴离子的正极将产生更高的电压。

1992 年,索尼公司发布首个商用锂离子电池。随后,锂离子电池革新了消费电子产品的面貌。此类以钴酸锂作为正极材料的电池,至今仍是便携电子器件的主要电源。

1996 年,Padhi 和 Goodenough 发现具有橄榄石结构的磷酸盐,如磷酸铁锂,比传统的正极材料更具安全性,尤其耐高温、耐过充电性能远超过传统锂离子电池材料。因此已成为当前主流的大电流放电的动力锂电池的正极材料。

纵观电池发展的历史,可以看出当前世界电池工业发展的三个特点,一是绿色环保电池迅猛发展,包括锂离子蓄电池、镍氢电池等;二是一次电池向蓄电池转化,这符合可持续发展战略;三是电池进一步向小、轻、薄方向发展。在商品化的可充电电池中,锂离子电池的比能量最高,特别是聚合物锂离子电池,可以实现可充电电池的薄形化。正因为锂离子电池的能量比(WH/kg 和 WH/m^3)高,可充电且无污染,具备当前电池工业发展的三大特点,因此在发达国家有较快的增长。电信、信息市场的发展,特别是移动电话和笔记本电脑的大量使用,给锂离子电池带来了市场机遇。而聚合物锂离子电池以其在加工性能、质量、材料价格等方面的独特优势,将逐步取代液体电解质锂离子电池,而成为锂离子电池的主流。聚合物锂离子电池被誉为"21 世纪的电池",将开辟蓄电池的新时代,发展前景十分乐观。

7.3.3　锂离子电池主要分类

根据所用电解质材料的不同,锂离子电池分为液态锂离子电池(Liquified Lithium-Ion Battery,LIB)和聚合物锂离子电池(Polymer Lithium-Ion Battery,PLB)。

可充电锂离子电池是目前手机、笔记本电脑等现代数码产品中应用最广泛的电池,但它较为"娇气",在使用中不可过充、过放(会损坏电池或使之报废)。因此,在电池上有保护元器件或保护电路以防止昂贵的电池损坏。锂离子电池充电要求很高,要保证终止电压精度在±1%之内,各大半导体器件厂已开发出多种锂离子电池充电的模块(IC),以保证安全、可靠、快速地充电。

手机基本上都是使用锂离子电池。正确地使用锂离子电池对延长电池寿命是十分重要的。它根据不同电子产品的要求可以做成扁平长方形、圆柱形及钮扣式,也可以由几个电池串联、并联在一起组成电池组。锂离子电池的额定电压一般为 3.7 V,磷酸铁锂(以下称磷铁)正极则为 3.2 V。充满电时的终止充电电压一般是 4.2 V,磷铁的为 3.65 V。锂离子电池的终止放电电压为 2.75～3.0 V(电池厂给出工作电压范围或给出终止放电电压,各参数略有不同,一般为 3.0 V,磷铁为 2.5 V)。低于 2.5 V(磷铁为 2.0 V)继续放电称为过放,过放对电池会有损害。

钴酸锂类型材料为正极的锂离子电池,不适合用作大电流放电,过大电流放电时会降低放电时间(内部会产生较高的温度而损耗能量),并可能发生危险;但以磷酸铁锂为正极材料的锂电池,可以以$20C$(C是电池的容量,如$C=800$ mA·h,$1C$充电率即充电电流为800 mA)甚至更大的电流进行充放电,特别适合电动车使用。因此电池生产工厂给出最大放电电流,在使用中应小于最大放电电流。锂离子电池对温度有一定要求,工厂给出了充电温度范围、放电温度范围及保存温度范围,过压充电会造成锂离子电池永久性损坏。锂离子电池充电电流应根据电池生产厂的建议,并要求有限流电路以免发生过流(过热)。一般常用的充电倍率为$0.25C$~$1C$。在大电流充电时往往要检测电池温度,以防止过热损坏电池或产生爆炸。

锂离子电池充电分为两个阶段:先恒流充电,到接近终止电压时改为恒压充电。例如一种800 mA·h 容量的电池,其终止充电电压为 4.2 V。电池以 800 mA(充电率为$1C$)恒流充电,开始时电池电压以较大的斜率升压,当电池电压接近 4.2 V 时,改成 4.2 V 恒压充电,电流渐降,电压变化不大,当充电电流降到 $1/10C$~$50C$(各厂设定值不一,不影响使用)时,认为接近充满,可以终止充电(有的充电器在电流达到 $1/10C$ 后启动定时器,过一定时间后结束充电)。

7.4 锂离子电池的组成及原理

7.4.1 组成部件

一般来说锂离子电池有钢壳、铝壳、圆柱、软包装系列等外壳包装。

锂离子电池由正极、隔膜、负极、有机电解液、电池外壳组成。

(1)正极:活性物质一般为锰酸锂或者钴酸锂、镍钴锰酸锂材料,电动自行车则普遍用镍钴锰酸锂(俗称三元)或者三元+少量锰酸锂,纯的锰酸锂和磷酸铁锂则由于体积大、性能不好或成本高而逐渐淡出。导电集流体使用厚度为 10~20 μm 的电解铝箔。

(2)隔膜:一种经特殊成型的高分子薄膜,薄膜有微孔结构,可以让锂离子自由通过,而电子不能通过。

(3)负极:活性物质为石墨,或近似石墨结构的碳,导电集流体使用厚度为 7~15 μm 的电解铜箔。

(4)有机电解液:溶解有六氟磷酸锂的碳酸酯类溶剂,聚合物的锂离子电池则使用凝胶状电解液。

(5)电池外壳:分为钢壳(方形很少使用)、铝壳、镀镍铁壳(圆柱电池使用)、铝塑膜(软包装)等,还有电池的盖帽,也是电池的正负极引出端。

7.4.2 锂离子电池的工作原理

当对电池进行充电时,电池的正极上有锂离子生成,生成的锂离子经过电解液运动到负极。而作为负极的碳呈层状结构,它有很多微孔,到达负极的锂离子就嵌入碳层的微孔中,嵌入的锂离子越多,充电容量越高。同样,当对电池进行放电时(即使用电池的过程),嵌在负极碳层中的锂离子脱出,又运动回正极,如图 $7-2$ 所示。回正极的锂离子越多,放电容量越高。

一般锂电池充电电流设定在 $0.2C$~$1C$ 之间,电流越大,充电越快,同时电池发热也越大。而且,用过大的电流充电,容量不够满,因为电池内部的电化学反应需要时间。就跟倒啤酒一样,倒太快的话会产生泡沫,反而不满。

图 7-2　锂离子电池工作原理图

对电池来说,正常使用就是放电的过程。锂电池放电需要注意以下几点:

(1)放电电流不能过大,过大的电流会导致电池内部发热,造成永久性的损害。

(2)绝对不能过放电!锂电池最怕过放电,一旦放电电压低于 2.7 V,将可能导致电池报废。好在手机电池内部都已经装了保护电路,电压还没低到损坏电池的程度,保护电路就会起作用,停止放电。从图 7-2 中可以看出,电池放电电流越大,放电容量越小,电压下降越快。

锂离子电池以碳素材料为负极,以含锂的化合物为正极,没有金属锂存在,只有锂离子,这就是锂离子电池。锂离子电池是指以锂离子嵌入化合物为正极材料电池的总称。锂离子电池的充放电过程,就是锂离子的嵌入和脱嵌过程。在锂离子的嵌入和脱嵌过程中,同时伴随着与锂离子等当量电子的嵌入和脱嵌(习惯上正极用嵌入或脱嵌表示,而负极用插入或脱插表示)。在充放电过程中,锂离子在正、负极之间往返嵌入/脱嵌和插入/脱插,被形象地称为"摇椅电池"。

7.4.3　化学解析

1. 概述

和所有化学电池一样,锂离子电池也由三个部分组成:正极、负极和电解质。电极材料都是锂离子可以嵌入(插入)/脱嵌(脱插)的。

2. 正极

锂离子电池可选的正极材料很多,主流产品多采用锂铁磷酸盐。不同的正极材料特征见表 7-1。

表 7-1　常见正极材料的特性

正极材料	平均输出电压	能量密度
$LiCoO_3$	3.7 V	140 mA·h/g
Li_2MnO_3	3.7 V	100 mA·h/g
$LiFePO_4$	3.2 V	130 mA·h/g
Li_2FePO	3.6 V	115 mA·h/g

正极反应:放电时锂离子嵌入,充电时锂离子脱嵌。充电时:$LiFePO_3 \rightarrow Li_1 - xFePO_3 +$

$xLi + xe$。放电时:$Li_1 - xFePO + xLi + xe \rightarrow LiFePO_3$。

3. 负极

负极材料多采用石墨。新的研究发现钛酸盐可能是更好的材料。负极反应:放电时锂离子脱插,充电时锂离子插入。充电时:$xLi + xe + 6C \rightarrow Li_xC_6$ 放电时:$Li_xC_6 \rightarrow xLi + xe + 6C$。

负极材料大体分为以下几种:

第一种是碳负极材料:实际用于锂离子电池的负极材料基本上都是碳素材料,如人工石墨、天然石墨、中间相碳微球、石油焦、碳纤维、热解树脂碳等。

第二种是锡基负极材料:锡基负极材料可分为锡的氧化物和锡基复合氧化物两种。氧化物是指各种价态金属锡的氧化物。没有商业化产品。

第三种是含锂过渡金属氮化物负极材料,没有商业化产品。

第四种是合金类负极材料:包括锡基合金、硅基合金、锗基合金、铝基合金、锑基合金、镁基合金和其他合金,没有商业化产品。

第五种是纳米级负极材料:纳米碳管、纳米合金材料。

第六种是纳米氧化物材料:目前合肥翔正化学科技有限公司根据 2018 年锂电池新能源行业的市场发展最新动向,公司已经开始将纳米氧化钛和纳米氧化硅添加在以前传统的石墨、锡氧化物、纳米碳管里面,极大地提高锂电池的充放电量和充放电次数。

4. 电解质溶液

电解质溶质常采用锂盐,如高氯酸锂($LiClO_4$)、六氟磷酸锂($LiPF_6$)、四氟硼酸锂($LiBF_4$)。电解质溶剂:由于电池的工作电压远高于水的分解电压,所以锂离子电池常采用有机溶剂,如乙醚、乙烯碳酸酯、丙烯碳酸酯、二乙基碳酸酯等。有机溶剂常常在充电时破坏石墨的结构,导致其剥脱,并在其表面形成固体电解质膜(Solid Electrolyte Interphase,SEI)导致电极钝化。有机溶剂还带来了易燃、易爆等安全性问题。

5. 电池涂碳铝箔(导电涂层)

涂碳铝箔在锂离子电池应用中的优势有以下几点:

(1)抑制电池极化,减少热效应,提高倍率性能;

(2)降低电池内阻,并明显降低了循环过程的动态内阻增幅;

(3)提高一致性,增加电池的循环寿命;

(4)提高活性物质与集流体的黏附力,降低极片制造成本;

(5)保护集流体不被电解液腐蚀;

(6)改善磷酸铁锂、钛酸锂材料的加工性能。

下面介绍电池涂碳铝箔的基本性能:

(1)导电涂层。利用功能涂层对电池导电基材进行表面处理是一项突破性的技术创新,覆碳铝箔/铜箔就是将分散好的纳米导电石墨和碳包覆粒,均匀、细腻地涂覆在铝箔/铜箔上。它能提供极佳的静态导电性能,收集活性物质的微电流,从而大幅度降低正/负极材料和集流体之间的接触电阻,并提高两者之间的附着能力,可减少黏合剂的使用量,进而使电池的整体性能显著提升。涂层分水性(水剂体系)和油性(有机溶剂体系)两种类型。

(2)涂碳铝箔/铜箔的性能优势。

1)显著提高电池组的使用一致性,大幅降低电池组成本,如图 7-3 所示。

a. 明显降低电芯动态内阻增幅;

b.提高电池组的压差一致性；

c.延长电池组寿命；

d.大幅降低电池组成本。

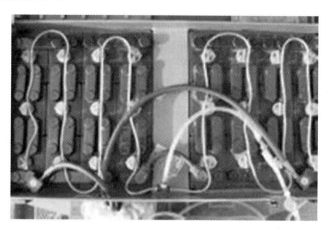

图 7 - 3　提高电池组使用一致性

2)提高活性材料和集流体的黏结附着力,降低极片制造成本,如图 7 - 4 所示。

a.改善使用水性体系的正极材料和集电极的附着力；

b.改善纳米级或亚微米级的正极材料和集电极的附着力；

c.改善钛酸锂或其他高容量负极材料和集电极的附着力；

d.提高极片的合格率,降低极片制造成本。

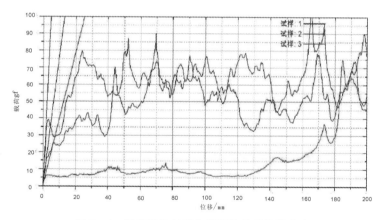

图 7 - 4　提高活性材料和集流体的黏结附着力

3)减小极化,提高倍率和克容量,提升电池性能。不用铝箔电池的倍率性能如图 7 - 5 所示。

a.部分降低活性材料中黏合剂的比例,提高克容量；

b.改善活性物质和集流体之间的电接触；

c.减小极化,提高功率性能；

d.减小极化,提高倍率和克容量。

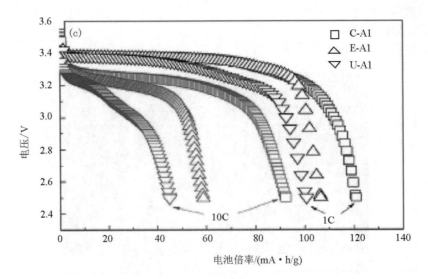

图 7-5 不同铝箔的电池倍率性能图

C-Al 为涂碳铝箔；E-Al 为蚀刻铝箔；U-Al 为光铝箔

4）保护集流体，延长电池使用寿命。不同铝箔电池的循环曲线图如图 7-6 所示。

a. 防止集流极腐蚀、氧化；

b. 提高集流极表面张力，增强集流极的易涂覆性能；

c. 可替代成本较高的蚀刻箔或用更薄的箔材替代原有的标准箔材。

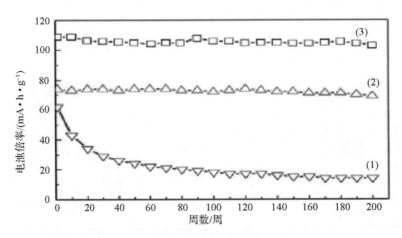

图 7-6 不同铝箔的电池循环曲线图（200 周）

（1）为光铝箔；（2）为蚀刻铝箔；（3）为涂碳铝箔

7.5 锂离子电池的装配工艺

容量高且电压大的成品电池很贵，某品牌 4S 5300mA·h 的成品电池差不多要 400 元，那 5S、6S 容量更大的电池也就更贵了。然而自组电池却很便宜，自组一套成本仅为成品电池费用的三分之一。

我们以自组一个 4S 电池(4S 5000mA·h 35C)作为实例进行讲解。

7.5.1　需要的材料

1. 电芯

自组电芯内阻差异的大小决定电池容量和寿命,自组电池性能关键点在于多个电芯内阻要相近,自组的电芯内阻相差太大的话,组出来的电池容量和寿命会大打折扣。测量内阻需要专业的设备,并且要多块电芯测量后再配对使用。使用前,电芯应贴上绝缘胶布,以免短路(见图 7-7)。

(1)称质量:对电芯逐个称重(见图 7-8),每个电芯的质量差别应在几克之间,如果某个电芯质量差别特别大,估计该电芯有问题。

(2)测量电压:逐个电芯充满电,每个电芯满电时的电压差别应该在 0.03 V 以内。差别太大的电芯不能用。

注意:电芯的正极必须要已转镍的(见图 7-9),因为正常的电芯极耳是铝做的,无法用焊锡焊接。而已转镍的可以用普通焊锡焊接。此次我们选择的单片 5 000 mA·h 35C 电芯质量为 131 g,尺寸为 145 mm×49 mm×8 mm。

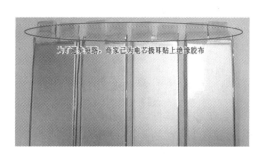

图 7-7　电芯贴上绝缘胶布

图 7-8　电芯称重

图 7-9　电芯的正极必须要已转镍

2. 平衡线

每组平衡线需要用电芯总数的黑色电线加一条红色电线,如 4S 的电池就用 4 条黑色电线和 1 条红色电线组成,如图 7-10 所示,平衡充放功能能否顺利实现就靠它了。

图 7-10 平衡线

3. 动力电源线

动力电源线是电流输入和输出的主干道,要选用硅胶材质外皮的电源线,如图 7-11 所示,一般选用 12AWG 或者 14AWG 规格的。因为多轴机身上配的是 T 插头,为了方便,我们选购的是已经焊接有 T 头母线的 12AWG 电源线。当然同学们可以根据实际情况选择相对应的插头,比如 XT60,XT150,等等。

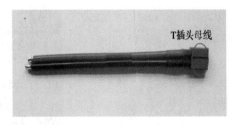

图 7-11 硅胶线

4. 电芯焊接板

电芯焊接板大大增加了电池制作过程中的安全性和简易性。电芯焊接板有很多选择,可根据所需电池芯数来选择。我们选择的是 4S 电芯焊接板,它的构造很简单,只要根据电芯串联规则依次排布组装就可以了。电芯焊接板如图 7-12 所示。

图 7-12 电芯焊接板

5. 高温胶布

高温胶布的使用也是必不可少的,因为无人机动力锂电池瞬间电流很大,在全力放电的情况下很容易发烫,特别是焊点处,而且高温胶布具有高绝缘、耐高温的特性,是电池组必备工具之一。高温胶布如图 7-13 所示。我们用的是宽为 12 mm 的高温胶布。

图 7-13　高温胶布

6. 玻璃纤维胶带

玻璃纤维胶带的作用是对已焊接好的线路和焊点位置进行再次包裹保护,以提高其使用安全性。根据所选电芯的尺寸,我们选择的是 30 mm 宽的玻璃纤维一卷,当然实际操作只需要一小段,如图 7-14 所示。

图 7-14　玻璃纤维胶带

7. 碳纤维胶带

碳纤维胶带对电池也是起保护作用的。使用时对电池的正面进行环绕包裹,避免轻微摩擦时损坏电池芯。ACE 成品电池外表像蛇皮的蒙皮就是碳纤维胶带,如图 7-15 所示。碳纤维胶带的宽度要与电芯宽度相似,长度是电芯长度的 2.5 倍左右。我们选用的电芯宽度是 49 mm,长度是 145 mm,因此选用的碳纤维胶带长度是 1 m,宽度是 48 mm。

图 7-15　碳纤维胶带

8. 热缩膜

热缩膜是在电池全部组装后,用来包裹电池并固定电芯,使其整体不易变形。我们选用的是透明的 PVC 材料的热缩膜,如图 7-16 所示。热缩膜的宽度要根据电芯的尺寸规格选择,计算公式是:热缩膜宽度=电芯高度×电芯数量×电芯宽度。例如本实例的电芯尺寸是 145 mm×49 mm×8 mm,需要的热缩膜宽度是:(8×4+49)mm=81 mm。选择的热缩膜宽度必定要大于 81 mm,鉴于热缩膜的收缩特性,选择时要留一定的余地,此次,选用 90 mm 宽的热缩膜。

图 7-16　热缩膜

9. 普通透明胶

普通透明胶主要起捆绑固定作用。

10. 海绵

海绵(见图 7-17)是用来填充空间,起保护作用的,在填充之前一定要有高温胶带垫底。

图 7-17　海绵

7.5.2　需要的工具

1. 电烙铁、焊锡

电烙铁是最关键的工具,功率一定要大,至少要大于 60 W,最好是 80 W 以上。电芯的极耳面积大,焊接时候散热快、容易降温,但如果长期加热极耳又会损坏电芯,因此,要选择直径较粗且中心带松香的焊锡。

2. 万用表

测量电芯正负极和电压要用万用表。一般来说,电芯已转镍的极耳是正极,但也不能百分百的确定,应以测量为准。电芯正负极一定要准确,否则可能会酿成不可挽回的错误。

3. BB 响

BB 响的作用是在连上平衡线之后测量电池芯是否正常,是否因为过热或者接触不良导致读数无法显示。如果出现这种情况,只能更换坏了的电芯。

7.5.3 组装过程

1. 处理电芯

(1)拿出万用表逐个测试电芯的正负极和电压,并用笔标明贴在电芯上,虽然一般来说电芯已转镍的极耳为正极,没有转镍的极耳为负极,但是还是以万用表测试的结果为准,如图7-18和图7-19所示。为了安全,要用胶带把负极极耳包好,避免不小心造成短路。

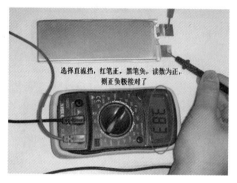

图7-18 万用表测试

图7-19 测量记录

(2)为了更好地焊锡,用小刀逐一轻轻地在已转镍电芯正极上刮掉氧化膜,然后用胶带将极耳包好,如图7-20所示。

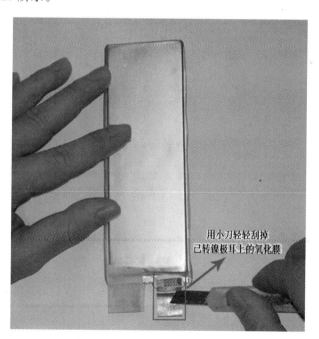

图7-20 电芯极上刮掉氧化膜

2. 焊接电芯焊接板

(1)拿出4S电芯焊接板,小板上边有四个槽位,先取两块电芯以串联的形式在小板上排好,两块电芯用透明胶固定好,然后串联焊接,如图7-21和图7-22所示。

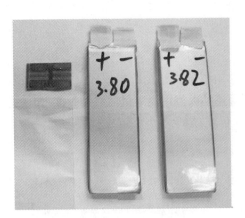

图 7-21　4S 电芯焊接板

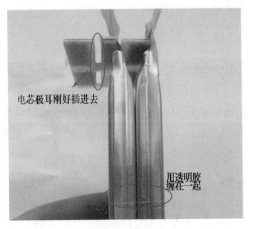

图 7-22　电芯用透明胶固定好串联焊接

如图 7-23 所示为 4S 串联顺序和线路的连接方法。

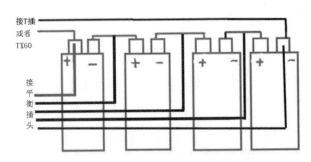

图 7-23　4S 串联顺序和线路的连接方法

（2）焊接电芯时要一片一片进行。为了避免短路，只有焊接相对应极耳的时候取下该极耳的绝缘胶带，每一片电芯焊接时都要用透明胶固定。如图 7-24～图 7-26 所示。

图 7-24　极耳上的绝缘胶带

图 7-25　要用透明胶固定

（3）按以上的办法焊接第四片电芯，如图 7-27 所示。

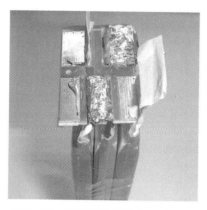

图 7 - 26　用透明胶固定每一片电芯

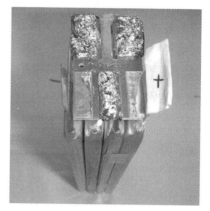

图 7 - 27　焊接第四片电芯

　　焊接的时候,电烙铁接触极耳时间过长,电池就会过热,所以不必追求饱满成圆珠状态,只要不出现虚焊和断裂就可以了,如图 7 - 28 所示。

　　如果焊点表面有明显的尖锐点,用锉刀修一下,或者用电烙铁化平,如图 7 - 29 所示。

图 7 - 28　焊接时不出现虚焊和断裂

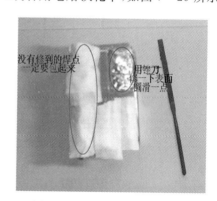

图 7 - 29　焊点表面用锉刀修整

　　使用万用表,测量每个电芯的电压是否正常,如果电压相差很大或者为 0,则可能是焊接时电池过热被损坏或者出现虚焊、接触不良等情况,要进一步检查,如图 7 - 30 所示。如果电池损坏,一定要拆下来,更换电芯。

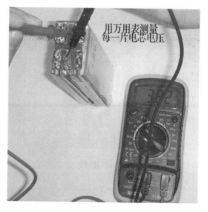

图 7 - 30　用万用表测量电芯的电压是否正常

3. 焊接动力电源线及平衡线

电源线的处理方法一般是给电源线端部套上热缩管,如图7-31所示。

在焊接电源线和平衡线之前,要了解一下相对应充电器的接口排布,避免在充电的时候出现短路情况。对应B6充电器的接口排布如图7-32所示,限位箭头向上,正极红色平衡线一定要在最左边,如图7-33所示。

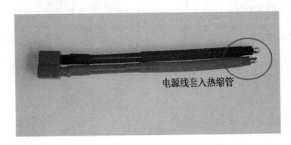

图7-31　电源线套入热缩管

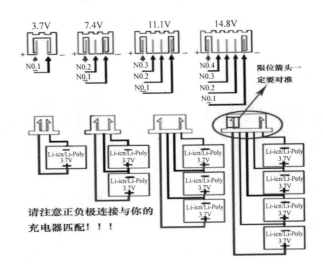

图7-32　对应充电器的接口排布

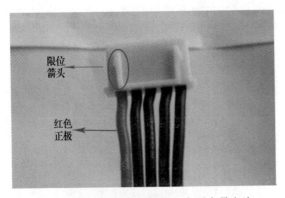

图7-33　正极红色平衡线一定要在最左边

焊接电源线时焊点一定要饱满,多用一些焊锡,检查一下,一定不要出现虚焊的情况。焊接动力电源线(12AWG T头母线)要根据所标的正负极焊接相对应颜色的线,红色为正极,黑色为负极。如图 7－34 所示,焊上电源线只需要正负极焊点,其余焊点用绝缘胶布包起来,避免短路。

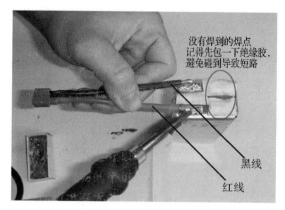

图 7－34　焊接电源线

接下来就是焊接平衡线了,红色接电源正极,黑色按顺序依次连接。平衡线连接图如图 7－35 所示。

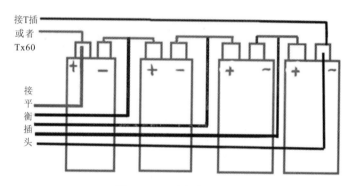

图 7－35　平衡线连接图

焊接平衡线之前要检查一下限位箭头向上的时候,红色正极是否在最左边,如图 7－36 所示,如果不是,那就出错了,使用平衡充电就会短路。

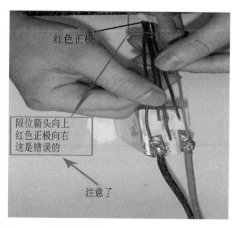

图 7－36　限位箭头向上时,红色正极应在最左边

注意了,如果出现上述情况,有两种解决方法:

一种是把已经焊了的电源线卸下来重新排布焊接。在标注好正负极的情况下,先把平衡线的插头有限位箭头一面向上,红色线接正极并排在最左端,再排电源线。切记红色一定是接正极,如图7-37所示。

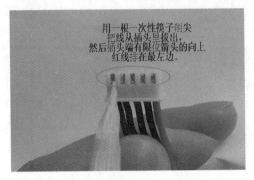

图7-37 把有限位箭头一面向上

另一种就是先把平衡线插头端的线拔出来,然后排布。红色线接正极并排在最左端,再排电源线,如图7-38所示。

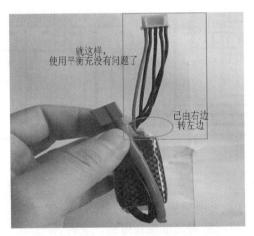

图7-38 红色线接正极并排在最左端,再排电源线

焊好后一定要检查是否有虚焊的情况,轻轻拉扯所焊接的线,看是否存在掉落、异位或者松动的情况。

焊好平衡线之后,使用BB响测试一下,如图7-39所示。测试每一个电芯是否正常。

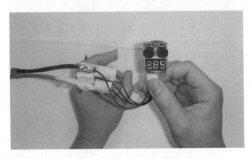

图7-39 用BB响测试

如果显示和之前用万用表测试的一样,就可以继续进行下一步了。若 BB 响显示的读数有误差,一切以万用表读数为准。

4. 贴高温胶带

高温胶是高绝缘的,所以每一个焊点都要独立粘贴上,如图 7 - 40 所示。

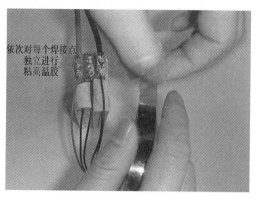

图 7 - 40　贴高温胶带

接着,进行横截面的粘贴。粘贴的时候,焊点之间的空隙要用不导电的物体压紧,从而达到填充和绝缘的作用,如图 7 - 41～图 7 - 43 所示。

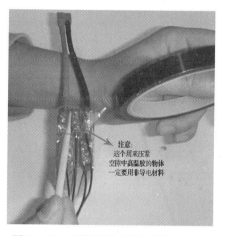

图 7 - 41　空隙要用不导电的物体压紧

图 7 - 42　全方位粘贴

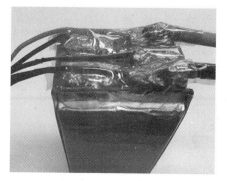

图 7 - 43　做好绝缘

5. 放海绵

放置已经准备好的海绵,把电源线之间的凹槽堵上,如图 7-44 所示。目的有两个,一是填充空间,二是保护电池,避免受冲击变形导致短路。

图 7-44　用海绵把电源线之间的凹槽堵上

6. 缠绕玻璃纤维胶带

缠绕玻璃纤维胶带的步骤如图 7-45～图 7-48 所示。

首先用玻璃纤维皮把海绵包住(见图 7-45 和图 7-46)。

图 7-45　用玻璃纤维皮把海绵包住

图 7-46　包好后的电芯

接下来用玻璃纤维横向缠绕,把电源线和平衡线包在内(见图 7-47 和图 7-48)。

图 7-47　玻璃纤维横向缠绕

图 7-48　包住电源线和平衡线

7. 碳纤维外皮包裹

用碳纤维皮上下包裹一圈,调整好位置,一定要把电源线和平衡线保护在内,以免在使用过程中受损,如图 7-49 所示。先测量一下上下包裹需要多长的外皮,剪下相应尺寸的碳纤维外皮,再包裹,这样容易调整纤维皮,达到粘贴的最佳效果。

图 7-49　用碳纤维皮包裹

粘贴时,应该从中间开始,经过电池底部的时候,再放入海绵,对电池底部进行保护,如图 7-50 所示。

图 7-50　放入海绵对电池底部进行保护

用碳纤维皮包裹好的电芯成品如图 7-51 所示。

图 7-51　用碳纤维皮包裹好的电芯

8. 热缩膜固定

覆 PVC 热缩膜时应先把整块电池的外体包住,调整好位置,再使用热风枪使热缩膜收缩,达到理想状态,如图 7-52 所示。热缩膜受热收缩,最好使用热风枪加热,因为用明火加热容易烧穿或者收缩起皱纹。

图 7-52　热缩膜的固定

剪裁热缩膜的时候,要拿电池和热缩膜比对,热缩膜的长度要比电池长 10 mm,如图 7-53所示。

图 7-53　热缩膜的长度要比电池长 10 mm

使用热风枪加热的时候要自上而下。温度不要太高,太高容易烧穿电芯,而且电池也会受热,如图 7-54 所示。

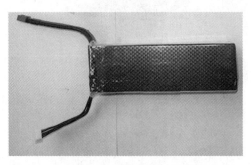

图 7-54　用热风枪加热

对比一下 DIY(自制)的电池和成品电池,如图 7-55 所示。电池的性能和使用寿命与电芯的质量有直接关系。质量好的电芯,才能组成一个好的电池。自组电池要选用内阻和电压相近的电芯,这样组出的电池才是安全的。

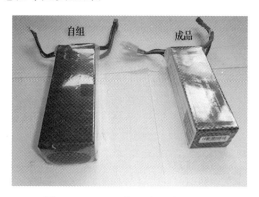

图 7-55　DIY 的电池和成品电池

7.6　无人机电池的日常维护及保养方法

电池是保证无人机正常起飞的关键因素之一,如何才能增加其使用寿命是值得每一位无人机拥有者深思的问题。

据业内人士介绍,无人机电池(见图 7-56)和手机电池都是锂电池,是设备的动力来源,对其安全性能要求也高一些。但二者又存在差异,无人机电池较手机电池有一个显著的特点——放电,无人机电池需要通过放电来满足无人机在不同环境下的使用要求。例如航拍时遇到一阵强风,那么需要电池大电流放电作为相应的补偿,保证无人机的位置。因为使用要求不同,所以无人机电池的寿命相对手机电池较短。

图 7-56　无人机和电池

业内人士也给锂电池使用者提了几点实用性建议。

1. 使用电池不过放

电池的放电曲线表明,刚开始放电时,电压下降比较快,但放电到 3.7~3.9 V 之间,电压下降缓慢。但一旦降至 3.7 V 以下,电压下降速度就会加快,控制不好就导致过放,轻则损伤电池,重则电压太低造成炸机,如图 7-57 所示。有些无人机使用者因为备用电池较少,每次都使无人机过放,致使其无人机电池寿命很短。应对这一问题的策略是,少飞一分钟,电池寿命就多飞一个循环,宁可多买两块电池,也不要每次把电池用到超过容量极限。要充分利用电池报警器,一报警就尽快降落。

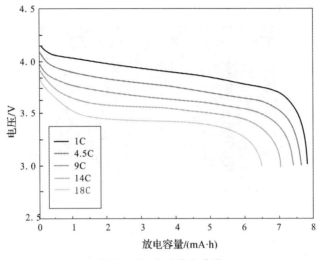

图 7-57 电池放电曲线

2. 充电电池不过充

(1)使用专用的充电器。这个充电器可以是锂离子也可以是锂聚合专用充电器,两者性能非常接近。部分移动电话的充电器可以用来充锂聚合物电池。这不会损坏电池。

(2)准确设置电池组的单体个数。充电的前几分钟必须仔细观察充电器的显示屏,在上面会显示电池组的电池个数。

(3)第一次充锂电池组时,检查电池组每个电池单体的电压,以后每10次充放电也应做同样的工作。这样做绝对是必要的,一个电池组里的单体电压不同,当给电池充电时(非平衡充电方法),仍会爆裂。假如电池组内电池单体电压相差超过 0.1 V,就应当分别把每个电池的电压充到 4.2 V 使之相等。假如每次放电后电池单体的电压差均超过 0.1 V,则表示电池已经出现故障,应当更换。

(4)无人照看时不要充电。

(5)使用安全的位置放置充电的电池和充电器。

(6)一般没有厂家的特别说明,充电电流不要超过 1C。现在支持大电流放电的电池也支持超过 1C 的电流充电,但将大大缩短电池的寿命。

3. 不满电保存

充满电的电池,满电保存不能超过 3 天,如果超过一个星期不放掉,有些电池就直接鼓包了,有些电池可能暂时不会鼓,但几次满电保存后,电池可能会直接报废。因此,正确的方式是,在接到飞行任务后再充电,电池使用后如在 3 天内没有飞行任务,请将单片电压充至 3.80~3.90 V 保存。如在三个月内没有使用电池,将电池充放电一次后继续保存,这样可延长电池寿命。电池应放置在阴凉的环境下贮存,长期存放电池时,最好能放在密封袋中或密封的防爆箱内。建议存放电池的环境温度为 10~25℃,且干燥、无腐蚀性气体。

4. 不损坏包装

电池的外包装是防止电池爆炸和漏液起火的重要结构,锂聚电池的铝塑膜破损将会直接导致电池起火或爆炸。电池要轻拿轻放,在无人机上固定电池时,扎带要束紧。在做大动态飞行或摔机时,电池若因为扎带不紧而甩出,很容易造成电池外皮破损。

5.不短路

短路往往发生在电池焊线维护和运输过程中。短路会直接导致电池打火或者起火爆炸。当发现使用过一段时间后电池出现断线的情况,这时断点处需要重新焊线,特别要注意电烙铁不要同时接触电池的正极和负极。另外运输电池的过程中,最好的办法是,每个电池都单独套上自封袋并置于防爆箱内,防止运输过程中因颠簸和碰撞导致某片电池的正极和负极同时碰到其他导电物质而短路。

6.不低温

很多使用电池的人会忽视这个原则。在北方或高海拔地区常会有低温天气出现,此时电池如长时间在外放置,它的放电性能会大大降低,如果还要以常温状态时的飞行时间去飞,那一定会出问题。在低温环境下应将报警电压升高(比如单片报警电压调至 3.8 V),因为在低温环境下电池压降会非常快,报警一响立即降落。不同温度下电池放电电压由线如图 7-58所示。此外,还要给电池做保温处理,在起飞之前电池要保存在温暖的环境中,比如房屋内、车内、保温箱内等。起飞前应快速安装电池,并立即执行飞行任务。在低温飞行时尽量将时间缩短到常温状态的一半,以保证安全飞行。

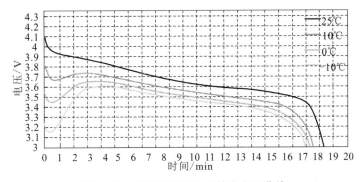

图 7-58　不同温度下电池放电电压曲线

7.安全运输

电池最怕磕碰和摩擦,运输磕碰可能引起电池外部平衡线短路,短路会直接导致电池打火或起火爆炸。同时,要避免导电物质同时接触电池的正极和负极。运输过程中,最好的办法是给电池单独套上包装盒,如图 7-59所示。

图 7-59　电池运输盒

业内人士还补充道,应定期检查电池主体、把手、线材、电源插头,观察外观是否受损、变形、腐蚀、变色、破皮,以及插头与无人机的接插是否过松。每次作业结束,须用干布擦拭电池表面及电源插头,确保没有其他腐蚀性液体残留,以免腐蚀电池。飞行结束后电池温度较高,需待飞行电池温度降至 40℃ 以下再对其充电(飞行电池充电最佳温度范围为 5~40℃)。作业结束后,建议对电池进行缓慢充电。大家在购买无人机电池时不要盲目购买,要考虑品牌、市场热度、评测性能等因素,将各方面因素综合起来考虑,选择适合无人机的电池。

无人机产业是朝阳产业,这样也会大大刺激电池产业的快速发展。锂电池在今后无人机的发展中会全方位使用,并且更安全、更智能、更普及。今后专家还将继续大力进行研发,结合电子与电池技术,大力开发以质量为重点的产品,满足不同类型的无人机用户对普通电池和智能电池的需求。

7.7 本章小结

通过本章的学习,我们掌握了无人机使用的电池——锂电池的组成、工作原理以及装配工艺,在学习过程中,需要掌握电池的特性和参数,比如,如何才能达到我们想要的电压或电流?单个电芯的放电容量如何制定?

除此之外,我们还学习到如何装配电池组,在装配的过程中如何避免电池燃烧或爆炸的危险。这些都是我们需要掌握的知识。

7.8 课后习题

(1)锂电池与锂离子电池的区别是什么?
(2)决定单块锂离子电池放电容量的因素有哪些?
(3)锂离子电池放电时正负极有何变化?
(4)常见导电涂层有哪些?导电涂层的作用是什么?
(5)如何制作一块 11.1 V、0.15 A 的动力电池?

7.9 实训项目

利用 3 块电芯制作一块 11.1 V、2200 mA·h、30C 的电池组。

材料:3.7 V、2200 mA·h、30C 电芯 3 块、焊接板 1 块、玻璃纤维胶带、碳纤维胶带、3S 平衡线 1 条、T 型插头 1 条、高温胶、透明 PVC 热缩管。

操作步骤:参照 7.5 节锂离子电池装配工艺。

参 考 文 献

[1] 杨姝.复杂机械结构拓扑优化若干问题研究[D].大连:大连理工大学,2007.

[2] 尹泽勇,李上福,李概奇.无人机动力装置的现状与发展[J].航空发动机,2007 (1):10－15.

[3] 陆燕萍,顾永来,包长林.小型数码航空摄影测量技术及在油田中的应用[J].江西测绘, 2009(3):15－17,34.

[4] 易建贵.我国植保无人机的应用前景[J].广西农业机械化,2016(2):22－23.

[5] 王旭景,刘绍锋.无人植保机的结构原理与推广应用[J].时代农机,2015,42(6):10－11,14.

[6] 刘颖,昂海松.微型飞行器驱动装置特性试验研究[J].科技广场,2006(7):4－6.

[7] 刘颖,曾佳.微型飞行器电机选择与测试[J].上海电气技术,2008,1(2):44－48.

[8] 龙柄全.LabVIEW 与 ARM 嵌入式的结合系统在岩体裂缝检测中的应用[D].荆州:长江大学,2018.

[9] 王勇杰.四旋翼一体式植保无人机总体设计及其强度分析[D].天津:河北工业大学,2017.

[10] 赵启兵.变距四旋翼的姿态控制与航迹规划[D].南京:南京航空航天大学,2018.

[11] 倪飞.基于 FPGA 的无刷直流电机控制系统实现[D].重庆:重庆大学,2013.

[12] 胡玉鑫.一种电动自行车控制器的设计与实现[D].苏州:苏州大学,2013.

[13] 王立奇.静电悬浮转子微陀螺悬浮控制系统的研究[D].上海:上海交通大学,2010.

[14] 孟兵.弹道修正弹电动舵机的设计与控制[D].南京:南京理工大学,2014.

[15] 刘官瑞,李绪胜,樊云光,等.小型无感无刷直流电机控制系统设计与研究[J].科学技术创新,2018(23):144－145.

[16] 刘方滔.多传感器融合的四旋翼飞行器关键技术研究[D].天津:天津科技大学,2011.

[17] 杨颖红,汪力纯.基于 STM32 的无感无刷直流电机调速系统的设计[J].电子测试, 2013(22):18－20.

[18] 谢晨,杜坚,韩屹松,等.基于四轴飞行器的无刷电机驱动设计[J].自动化与仪器仪表, 2013(5):52－53.

[19] 曹宇轩.倾斜井巷防爆救生艇的设计与研究[D].太原:太原理工大学,2017.

[20] 董慕天.基于 MC9ZVML128 的无感无刷直流电机控制系统设计[D].长沙:湖南大学,2017.

[21] 周克勤.$LiV_xFe_{1-x}PO_4/C$ 正极材料的制备及其电化学性能研究[D].苏州:苏州大学,2010.

[22] 阳凤娟.A 公司电动自行车锂离子电池业务竞争战略研究[D].广州:华南理工大学,2016.